箭筈豌豆

◎ 王梅春　邢宝龙　主编

中国农业科学技术出版社

图书在版编目（CIP）数据

箭筈豌豆 / 王梅春，邢宝龙主编．—北京：中国农业科学技术出版社，2019.3
ISBN 978-7-5116-4050-5

Ⅰ．①箭… Ⅱ．①王… ②邢… Ⅲ．①豆科牧草—介绍
Ⅳ．①S54

中国版本图书馆 CIP 数据核字（2019）第 027304 号

责任编辑　于建慧
责任校对　贾海霞

出 版 者　中国农业科学技术出版社
　　　　　北京市中关村南大街 12 号　邮编：100081
电　　话　（010）82109708（编辑室）（010）82109702（发行部）
　　　　　（010）82109709（读者服务部）
传　　真　（010）82106650
网　　址　http://www.castp.cn
经 销 者　各地新华书店
印 刷 者　北京建宏印刷有限公司
开　　本　710mm × 1 000mm　1/16
印　　张　10.5
字　　数　182 千字
版　　次　2019 年 3 月第 1 版　2019 年 3 月第 1 次印刷
定　　价　50.00 元

作者队伍

策　划　曹广才（中国农业科学院作物科学研究所）

主　编　王梅春（定西市农业科学研究院）

邢宝龙（山西省农业科学院高寒区作物研究所）

副主编（按作者姓名的汉语拼音排序）

曹　宁（定西市农业科学研究院）

刘　飞（山西省农业科学院高寒区作物研究所）

肖　贵（定西市农业科学研究院）

编　委（按作者姓名的汉语拼音排序）

连荣芳（定西市农业科学研究院）

墨金萍（定西市农业科学研究院）

丁　婉（山西省农业科学院高寒区作物研究所）

冯　钰（山西省农业科学院高寒区作物研究所）

马　涛（山西省农业科学院高寒区作物研究所）

王桂梅（山西省农业科学院高寒区作物研究所）

作者分工

前　言……………………………………………………… 王梅春

第一章

第一节……………………………………………………… 王梅春

第二节……………………………………………………… 肖贵

第二章

第一节……………………………………………………… 曹宁

第二节………………………………… 邢宝龙，王桂梅，冯钰

第三章

第一节……………………………………… 丁婉，邢宝龙

第二节………………………………… 刘飞，马涛，邢宝龙

全书统稿…………………………………………………… 曹广才

前　言

箭筈豌豆（*Vicia sativa* L.）属豆科（Leguminosae）野豌豆属（*Vicia*）的一个栽培种，为一年生或越年生、匍匐、有卷须的草本植物。原产于欧洲南部和亚洲西部，是集绿肥、牧草、粮用为一体的粮草饲肥兼用作物。对土壤要求不严，耐瘠薄，是各种作物的良好前茬，同时，能很好地覆盖地面，具有良好的水土保持能力。

箭筈豌豆于20世纪40年代中期引入中国，60年代中期开始品种选育和栽培等研究工作，70—80年代发展到全国各地普遍种植，达到种植高峰，在中国西北、华北、西南和长江中下游等20余个省份广泛栽培，除单作肥田或作为饲草外，在间作、套作、混作（播）及轮作等方面得到了广泛利用。在茶园、桑园、果园种植，可以改土培肥地力，提高产品品质；同时，它还是良好的蜜源和保土植物，也可用作制取粉面、粉条的原料，确系多用途、多功能的草种，对发展农林牧业生产取得了良好的综合效应。然而，近30年来，人们似乎忘记了这类传统的，曾经对中国农业作出过巨大贡献的绿肥作物的利用。现代农业呼唤传统农业的精华回归，应对生态变化，中国农业应积极行动起来，恢复和发展箭筈豌豆等绿肥的生产。本书对中国箭筈豌豆的种质资源、种植历史、栽培利用等进行了总结，以期唤起全社会的关注。箭筈豌豆与紫云英、毛苕子等传统绿肥相比，更具有适应性广、耐瘠薄、耐干旱、产量高、肥效好等优点，纳入农田轮作制中，以草为纽带，用养互济，广辟饲源，济牧兴农，广辟蜜源，振兴蜂业；根茬肥地，合理轮作，多业并兴，促进增产，是农区发展畜牧业，牧区增加优质饲草，林、果、茶、桑区及南方冬闲田提高地力的重要途径，对发展农村经济，改善生态环境有着重要的现实生产意义和深远社会、经济影响和生态效益。

本书由定西市农业科学研究院、山西省农业科学院高寒区作物研究所的科研人员共同完成。

在查阅资料中发现，箭筈豌豆的“筈”字，在20世纪60年代至21世纪初期，在不同刊物所发表的论文及科普文章中，好多将“筈”字写为“舌”，尤以20世纪60—90年代的刊物为多；这在现阶段人们的口语中，各地也多将“筈kuo”以“舌”代之，这是一种约定俗成的表达方式。本书在引用上述文献资料时，将“箭舌豌豆”做“箭筈豌豆”理解应用，并将“舌”改为“筈”，但在参考文献中仍为“舌”，以便读者查阅对照；将“箭碗”修改为“箭豌”，如“大荚箭碗”“波兰箭碗”改为“大荚箭豌”“波兰箭豌”等。

箭筈豌豆在20世纪70—80年代全国各地从西到东，从北到南普遍栽培，达到种植高峰，为尊重原文，引用当时发表的资料时，种植地多以原文为主，如“张掖县小满公社”“围场县白云皋大队”“胡套大队杨庄生产队”“保定地区”等；同一品种不同写法的以原文为主，如“6625”同“66-25”，“西牧324”同“324”等，这两种表述在书中都有出现；文章作者署名为集体的，在内容及参考文献中仍是集体署名。

箭筈豌豆目前还是未为人们广泛熟知的一个多用途、多功能的作物，本书内容主要介绍了箭筈豌豆在中国的生产与传统栽培，种质资源分布、品种更替及综合利用等领域的研究进展，在保持研究延续的基础上，力争反映近10多年来中国箭筈豌豆研究的最新进展，可供中国农业管理部门、农业院校、科研单位以及箭筈豌豆生产、种子繁育及加工等领域的相关人员参考。相信随着箭筈豌豆的广泛利用，将会带动中国农林牧草业持续健康稳定的发展。

在本书的编写过程中，承蒙中国农业科学院作物科学研究所曹广才研究员为此书策划以及统稿等方面付出了很多和很大的精力；本书得以顺利完成，相关专家提供了宝贵的资料，参编单位科研人员付出了辛勤的劳动；书的出版也得力于中国农业科学技术出版社的大力支持和帮助，在此谨致诚挚的谢意。

此书的出版得到了“十三五”国家食用豆产业技术体系（CARS-09）的资助。

限于作者水平及经验，不当或纰漏之处，敬请同行专家和读者批评指正。

王梅春

2018年9月

目　录

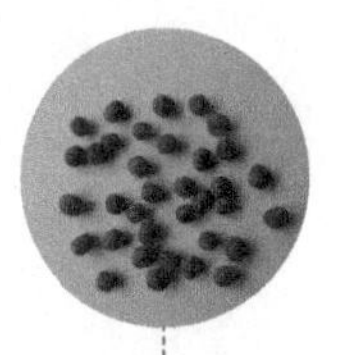

第一章　种质资源与生长发育

第一节　中国箭筈豌豆种质资源

一、箭筈豌豆的植物分类地位

箭筈豌豆（*Vicia sativa* Linn.）也称大巢菜、春巢菜、救荒野豌豆、山扁豆等。属于豆科（Leguminosae）野豌豆属（*Vicia*）。

据《中国植物志》记载，野豌豆属植物约有200种。中国约有43种5变种，广布于全国各地，西北、华北、西南较多。箭筈豌豆（*Vicia sativa* Linn.）是本属的模式种。

箭筈豌豆在国内多地皆有分布，主要在西北、长江流域、华北等地种植。

（一）形态特征

箭筈豌豆是子叶留于土中的豆科植物，因而苗期受冷害、虫害、放牧或农药残毒危害而死亡的可能性比子叶出土的豆科作物小（图1-1）。

1. 各器官形态特征

（1）根　箭筈豌豆系直根系，主根明显，侧根发达，长20~40cm，根幅20~25cm，根瘤多着生于侧根上，每株30~40个，粉红色。

（2）茎　箭筈豌豆茎柔嫩有条棱，半攀缘性，茎长100~250cm，分枝有根茎分枝和叶腋分枝，单株分枝30~40个。

（3）叶　箭筈豌豆偶数羽状复叶，叶片分为阔叶型和窄叶型，每一复叶有小叶6~10对，矩形或倒卵形，小叶前端有突尖，叶形似箭舌，因此得名。托叶半箭形，有1~3披针叶形齿，具有一个腺点，叶顶端有卷须，易缠于它物上。

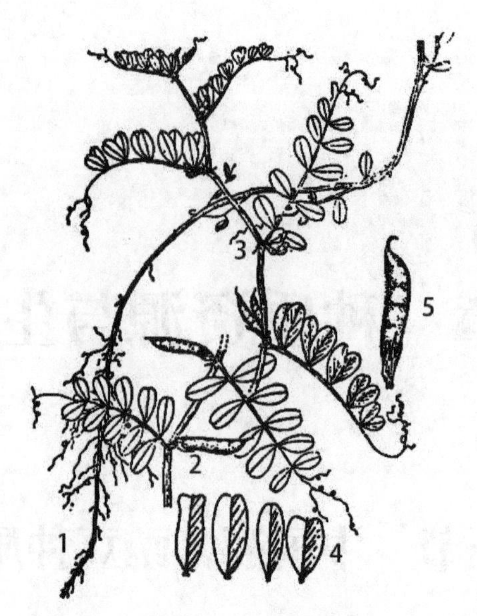

1. 根；2. 荚果枝；3. 花荚枝；4. 不同形态的叶片；5. 荚果

图 1-1 箭筈豌豆植株形态（引自：中国数字科技馆——农作物博览馆）

（4）花　箭筈豌豆花腋生，1~3 朵，蝶形花冠，花瓣紫红、粉红或白色，紫红花占 90 % 以上，花梗短或无。子房被黄色柔毛，短柄，花柱背面顶端有茸毛，系自花授粉作物。

（5）果实　箭筈豌豆荚果，长 4~6cm，宽 0.5~0.8cm，表皮土黄色，中间缢缩，有毛，成熟为黄色或褐色，成熟时背腹开裂，果瓣扭曲，内含种子 5~9 粒，扁圆或钝圆形。

（6）种子　种皮色泽可分为麻型和单一色型，麻型即种皮是青、灰、褐、黄、棕绿、粉红、暗红等为底色，其上有大小不等的黑色、褐色、棕色的斑纹；单一色型种皮为白、青灰、淡绿、纯黑等单一颜色。千粒重 40~70g。

2. 叶表皮微形态特征及系统学意义

叶表皮是植物叶子最外面的一层细胞，具有保护功能。植物叶表皮微形态特征可为属内种的亲缘关系和种的分化提供有价值的依据。叶表皮微形态特征也适合于某些属植物种下单位的分类，可为现在植物提供种及亚种水平分类的参考。目前，豆科很多属植物的叶表皮微形态特征及其系统学意义已有报道，例如三叶草属（*Trifolium* L.）、苜蓿属（*Medicago* L.）等，但有关野豌豆属植物叶表皮微形态特征及其系统学关系的研究仅见雒宏佳等（2015）报道。他们对中国 7 组

29种野豌豆属植物叶表皮微形态特征应用光学显微镜和扫描电子显微镜进行了观察，其中仅一种为箭筈豌豆（救荒野豌豆 *V. sativa* L.），实验材料均取自西北农林科技大学植物标本馆（WUK）的腊叶标本。叶表皮细胞形状有无规则形和多边形2种，垂周壁式样有深波状、浅波状和平直—弓形；表皮角质层纹饰微形态多样，大多数植物叶片表面不具有腺毛或仅中脉有，少数植物叶片表面具腺毛；部分叶表皮上有柔毛，少数植物无毛。气孔器存在于上表皮、下表皮，或上下表皮均有，形状为椭圆形、卵圆形，均为无规则型。

箭筈豌豆的叶上下表皮细胞形态不规则，垂周壁深波状，上表皮细胞大小（长/宽）（50.08~142.43）/（12.76~68.24）μm，下表皮细胞大小（长/宽）（52.43~180.44）/（8.36~74.58）μm；气孔器在上下表皮均有分布，形状为椭圆形，气孔器外拱盖内缘平滑或呈深浅不一的波状。野豌豆属植物叶表皮的这些微形态特征，在属内组间没有明确的规律性，但可为探讨该属种间的分类学及亲缘关系提供依据，从系统分类学的角度对其性状进行归纳和总结，为野豌豆属植物的系统分类及其演化关系提供微形态学证据。

（二）生活习性

1. 土壤条件

箭筈豌豆适应性广，对土壤要求不严格，耐瘠薄，能在pH值6.5~8.5的沙土、黏土、壤土等多种土壤上生长。不论北方的山旱薄地，或肥力较高的川水地，甚至南方水稻土，丘陵地区的茶、桑、果园皆可种植。在生荒地上也可正常生长，是良好的先锋植物。

耐盐能力较差，在冷浸烂泥田与盐碱地上生长不良。在以氯盐为主的盐土上，全盐达0.1%即受害死亡；在以硫酸盐为主的盐土，耐盐极限为0.3%。它不耐渍，由于渍水使土壤通气不良，影响根系活动，抑制根瘤生长。耐荫性、再生力强，不耐霜冻，宜与麦类等密植作物套种或主作物收获后复种，是北方春麦灌区优良的秋绿肥、饲草。

2. 温度条件

箭筈豌豆耐寒喜凉，不耐炎热。地温5~6℃种子即可发芽，幼苗期能忍耐−6℃的春寒，生存最低温度为−12℃。从出苗至开花，对温度的要求因品种而异，生长最适温度14~18℃，种子成熟要求16~22℃。苗期生长缓慢，现蕾期开始即迅速生长，其生长速度，开花前与温度成正相关，花期后与品种特性有关。开花至成熟，有随温度提高熟期缩短的趋势。生长所需活动积温≥1 500℃。

3. 光照条件

箭筈豌豆为长日照植物，但对光周期反应不敏感。在短日照的南方地区，植株也可开花结实。

4. 水分条件

箭筈豌豆对水分十分敏感，喜潮湿，但耐旱性强，比普通豌豆品种抗旱。据试验，幼苗期（6月上旬）灌溉1次，7月测定0~20cm土层含水量仅有5.7%~8.6%，土壤十分干旱，但箭筈豌豆仍可保持生机。一般在分枝盛期及结荚期灌水1次，即可获得良好的种子收成（徐加茂，2012）。在年降水量300~450mm的雨养旱作农区能正常生长。在年降水量150mm地区，有灌溉条件仍可生长，是耗水较少的饲料作物。生长期间遭遇干旱，暂停生长，遇水可继续生长。再生性很强。花后刈割，再生草仍可收获种子。

5. 养分条件

箭筈豌豆对土壤、肥料要求不严，在条件许可时，适当施用一些磷肥作底肥。再生性强，花期前刈割，留茬20cm以上时，再生草产量高。

二、箭筈豌豆的起源、种植历史和存在问题

（一）起源

箭筈豌豆原产于地中海沿岸和中东地区，在欧洲种植甚为集中，主要作饲草或精饲料，在地中海、北非及美国太平洋沿岸栽培，除作饲草、干草、收种、青贮外，还经常与小麦等谷类作物换茬，作为冬季的绿肥作物，在美国南部各洲，则用为改良清地的重要绿肥。由于广泛引种，目前在世界各地普遍种植。

据资料显示，箭筈豌豆在叙利亚、意大利、阿尔巴尼亚等许多国家、地区主要用作饲草，苏联每年种植箭筈豌豆的面积达百万公顷，有的加盟共和国种植箭筈豌豆面积占饲料作物的76%。20世纪70年代中期以来，甘肃省河西内陆灌区、沿黄河、洮河、大夏河两岸川水区种植箭筈豌豆，在利用上改单一压青为“刈青喂畜、根茬肥地、农牧结合、综合利用”，箭筈豌豆已成为饲喂牲畜的主要饲源，尤以冬春季节保羔育肥成效显著，已普遍应用（王琳等，2005）。

（二）中国的种植历史

长期以来，绿肥一直是中国农业生产的重要有机肥源，对增加粮食生产、保障食品安全、改善生态环境、促进农民增收及农业可持续发展等有着重要的作用。绿肥也是一种生物肥源，有提高土壤质量、改善产品品质、保护生态环境的

作用，是中国传统农业的精华，在中国的农业生产中起到过举足轻重的作用。

箭筈豌豆作为一种绿肥、牧草、粮食兼用作物，中国自20世纪40年代将其引进，先在西北得到栽培，60年代中期在全国试种推广，多是用根茬肥地，地上部青饲或晒制干草，或留种子加工饲用或食用，种子出粉率高约30%，可做粉条。70年代，除在西北种植外，在南方多地栽培，多作旱地（即冬季排水良好的稻田）绿肥，少量供饲草利用；80年代开始还作为鱼的饵料，所以中国西自新疆维吾尔自治区、青海省，东至江苏、安徽、台湾，约20多个省（区）均有种植，为中国栽培利用范围最广的饲草、绿肥品种之一，在农牧业生产中发挥了重要作用。

中国绿肥作物的生产历史，即是箭筈豌豆的种植史，大体经历了四个阶段，绿肥及箭筈豌豆振兴的第五阶段即将来临。

本文主要以甘肃省为例，回顾中国绿肥作物及箭筈豌豆的生产历程，分析当前绿肥生产面临的问题，提出未来发展绿肥生产的对策。

1. 初步发展阶段

甘肃省种植绿肥历史悠久，是北方种植绿肥较早的省份之一。公元前129年，张骞从西域引进紫花苜蓿之后，就以其特异的饲料价值和改良土壤能力，逐渐介入农田，形成与粮油作物轮作的肥田轮作制度。到唐代，种植苜蓿已蔚然成风。明清以来，陇东、陇南、天水、定西等地苜蓿已成为粮食丰产区栽培的重要绿肥作物，陇东塬区素有麦后复种芸芥，翻压作绿肥的习惯，泾河川亦用黑豆翻压作为绿肥。20世纪40年代初，天水市将草木樨引入试种，因系优良的肥地和水保品种，迅速在渭河上游形成“草田轮作”区。据陈哲忠等（1991）研究，春箭筈豌豆在中国各地均有野生，但新中国成立前在生产上极少种植。1944年黄河水利委员会天水水保站曾从国外引进，但未推广。同期甘肃省农业试验总场试验示范推广了短期绿肥作物香豆子，1945年在泾川县示范7.4hm^2，使粮食增产432.0kg/hm^2，深受广大农户的欢迎。

2. 缓慢增长阶段

该阶段主要以绿肥引种观察、栽培技术试验为主，为生产缓慢发展阶段。新中国成立初期，中国又从苏联、罗马尼亚、澳大利亚等国引进一些箭筈豌豆品种，1958—1962年由西北畜牧研究所和甘肃农业大学进行栽培示范用于生产。此时，箭筈豌豆在甘肃省引种试验已有20多年，西北兽研所及永昌绵羊良种场对箭筈豌豆的品种选育和饲料的栽培利用研究做了许多工作。甘肃省农业科学院

土壤肥料研究所对箭筈豌豆在省内各地进行了品种的区域测定和绿肥栽培利用的试验、示范工作。1966年夏，原中国农业科学院陕西分院在甘肃省武威县主持召开了“西北五省（区）绿肥会议”，通过现场观摩鉴定，认为箭筈豌豆是优良的绿肥饲料作物。之后，积极推广，在省内各农区得到较快发展。

1959—1961年，甘肃省农业科学院土壤肥料研究所在全省进行了白花草木樨、箭筈豌豆、山黧豆、香豆子引种观察试验及栽培研究，筛选出了适应性广、耐荫性好、再生力强、抗寒、丰产性好，宜于间、套、复种的箭筈豌豆优良品种西牧880、881、324及澳大利亚箭豌、新疆箭豌等，从新疆箭筈豌豆的变异株系中选育成功适应性广、丰产性好的优良品种陇箭1号，并提出了主要生态区种植利用绿肥的建议。1964—1968年甘肃省农业科学院在武威黄羊镇试验场和新店大队建立绿肥翻压和根茬肥地大面积试验示范样板田，由于绿肥肥地增产效应明显，西北绿肥科研协作组对样板田现场观摩后认定箭筈豌豆、栽培山黧豆为优良绿肥和饲草，并建议在西北扩大推广。绿肥作物品种的引育成功和栽培技术的研究推广，促进了甘肃省绿肥作物生产的发展。据统计，甘肃省绿肥作物种植面积1949年为8.7万hm^2，1955年扩大为12.9万hm^2，1970年全省绿肥留床面积达29.0万hm^2。

3. 快速发展阶段

从20世纪70年代开始，甘肃省绿肥作物生产进入快速发展时期。据不完全统计，1973年全省箭筈豌豆种植面积达10.7万hm^2，仅天水地区就达2.7万hm^2左右，综合各地种植利用情况，在中部干旱山区、渭河上游丘陵山区及临夏自治州的山坡地区，陇东部分塬区，河西祁连山沿山地带，因箭筈豌豆抗旱稳产，主要用作倒茬作物，以肥地改土。在河西与临夏州等川水区用作麦后复种，压青作绿肥或割青作饲料，发展养猪，根茬肥地。如张掖县的小满公社、高台县正远公社、武威的双城公社、四坝公社和临夏县折桥公社，大力推行麦后复种箭筈豌豆，宜农宜牧，收到良好成效。70—80年代，甘肃省为支援兄弟省（区）发展绿肥，提供了大量箭筈豌豆种子，1975年夏在北京市平谷县召开的《全国种子工作会议》期间，许多省（区）的代表要求甘肃省供应箭筈豌豆种子。而后在陕西、山西、河南、江苏、安徽等省发展较快。1975—1979年，吕福海等在武威开展了绿肥插入轮作方式及其肥效的研究，提出了麦田和带田套种、复种箭筈豌豆、毛苕子、草木樨的栽培技术，制定了“因地制宜、不占正茬、不与粮争地”和“刈青喂畜、根茬肥田、农牧结合、综合利用”的绿肥种植和利用原则，极大地推动了甘肃省特别是河西地区绿肥生产的发展，1975 年绿肥作物种植面积达到 58.93 万 hm^2，创甘肃绿肥生产历史之最。从全国箭筈豌豆的种植情况看，20 世纪 70 年代中期种植面积不断扩大，至 80 年代以来西至新疆、青海，北及哈尔滨，东至闽、浙，南至五岭均有种植，尤其是西北、华北种植较多。据统计，70 年代中期种植面积最大的年份曾达到 66.7 万 hm^2 左右，如江苏省 1976 年“6625”箭筈豌豆秋播面积为 11.2 万 hm^2，江苏省农业科学院选育的大荚箭豌、淮 280-177、淮 281-10、80-142（系苏箭 3 号）等品种在南方相继秋播成功，累计推广面积 80.0 多万 hm^2；同年，经甘肃省农业科学院土壤肥料研究所试验示范，箭筈豌豆进入麦田套复种，成为河西灌区“夏茬轮作”的主要草种之一，在草田轮作中占有重要地位。

1975 年之后，由于种种原因，甘肃省绿肥生产面积开始下降。但此阶段科技人员开展了大量的研究，筛选出了当地今后一个时期应推行粮、经、饲三元优化结构预测方案，为政府决策和规划提供了科学依据。箭筈豌豆在推广过程中，由于其种子中含有有毒物质氢氰酸，且含量较高，一般含量为 20mg/kg 左右，如在生产上应用的箭筈豌豆品种西牧 324，这个品种产草量和产种量都较高，但氢氰酸含量为 20~25mg/kg，超过中国粮食允许含量（5mg/kg）的规定。1977 年 8 月，全国绿肥科研协作会议决定选育氢氰酸含量低的箭筈豌豆新品种。1978 年 11 月，西北区绿肥科研协作碰头会上决定选择氢氰酸含量高、中、低三类品种在西北区进行种植试验，种子内氢氰酸含量由甘肃省农业科学研究院化验室统一分析测定，研究同一品种在不同地区种植后其种子氢氰酸含量与品种及栽培环境条件的关系，为进一步选育高产低毒新品种提供科学依据。课题由甘肃省农业科学院土壤肥料研究所主持，陕西、青海、新疆维吾尔自治区（全书简称新疆）、宁夏回族自治区（全书简称宁夏）四省（区）农科院土肥所（室）共同协作，试验分别在陕西省蒲城县、甘肃省武威黄羊镇、宁夏回族自治区银川市、青海省西宁市和新疆维吾尔自治区乌鲁木齐市进行。80 年代初，在北起淮北，南至湘中，以及浙、闽等省及全国大多数省份箭筈豌豆得到了广泛的应用，在西北牧区及黄土高原区多以饲草、绿肥兼用和繁种，在南方地区则多用作绿肥。1984 年，在农牧渔业部畜牧局和中国农业科学院的支持下，箭筈豌豆试验正式列入计划，在河北省围场县、青海省乐都县、江西省万载县、甘肃省榆中县、会宁县、天水市等 4 省 6 县（市）进行了品种区域试验，至此，箭筈豌豆发展到全国各地普遍种植，成为中国农区绿肥饲草的主栽品种之一。甘肃省 1985 年箭筈豌豆种植面积

为 10.0 万 hm^2，其中河西地区种植达 4.3 万 hm^2。此外，雁北、南阳盆地、江汉平原、皖中沿江地区、黔东南、川西地区、陕西西部丘陵区、湘中晚稻区以及南方经济林园种植利用箭筈豌豆发展较快，分布地域甚广。

4. 急剧萎缩阶段

1990—2010 年，甘肃省的绿肥作物年播种面积连续下降。进入 20 世纪 90 年代，由于小麦玉米带田和制种玉米面积的大幅度提高，全省绿肥作物种植面积下降迅速，从甘肃省绿肥生产历史之最的 1975 年 58.93 万 hm^2，下降到 1991 年 12.4 万 hm^2，至 2005 年下降为 4.8 万 hm^2。近 20 多年来，绿肥作物种植面积急剧萎缩，绿肥学科基本处于停滞状态，在绿肥品种资源、栽培关键技术和综合利用方面难以满足现代农业生产发展的要求。

5. 绿肥振兴阶段

在现代农业生产中，由于化肥供应日益充足，用地养地观念的逐渐淡化，导致作物产量难以进一步提高、农产品安全受到威胁、土壤质量下降、面源污染日益严重等问题，生态环境呈现恶化的趋势。近年来，以畜禽粪便为主的有机肥料中重金属、抗生素和激素等物质的残留，对土壤、农产品、生态环境也构成了潜在威胁。在中国的种植业中，中低产田、冬闲田普遍存在，大量宜草土地没有利用，土壤退化、水土流失严重；农作物种植过程中的肥料施用不合理，造成养分大量流失，成为水体的重要污染源。解决这些问题最简便、适用的方法，就是种植利用箭筈豌豆等绿肥作物。

2016 年，中央作出了一项重大部署，国家实施耕地轮作休耕试点工作，这是中央确定的农村改革的一项重大任务，也是推进农业持续发展的一项重要探索。休耕试点重点在地下水漏斗区、重金属污染区和生态严重退化地区开展。2016 年轮作休耕试点面积 41.1 万 hm^2，主要在内蒙古自治区（全书简称内蒙古）、辽宁、吉林、黑龙江、河北、湖南、贵州、云南、甘肃 9 个省（区）实施；2017 年轮作休耕试点面积 80.0 万 hm^2，试点省份不变，共涉及 9 个省份 187 个县（市、区）；2018 年试点规模比上年翻一番，其中轮作面积 133.3 万 hm^2、休耕面积 26.7 万 hm^2；同时，安排相关地区自行开展试点面积 40.0 万 hm^2，2018 年总计耕地轮作休耕制度试点规模达到 200 万 hm^2。此后每年按照一定比例增加，加上地方自主开展轮作休耕，力争到 2020 年轮作休耕面积达到 333.3 万 hm^2 以上。

休耕试点的不同区域采用不同模式，一是使生产与生态相协调，冷凉区建立“三三轮作”模式；重金属污染区和生态严重退化地区建立了“控害养地培肥”

模式，地下水漏斗区建立了“一季雨养一季休耕”模式。如河北省 13.3hm^2 季节性休耕，年压采地下水 3.6 亿 m^3。另一个是适区与适种相一致。选择豆科、茄科、禾本科等养分利用互补、病虫发生规律不同的作物进行搭配，提高光温水利用效率，减少病虫危害损失。

甘肃省作为全国 9 个试点省份之一，承担西北生态严重退化区域的耕地休耕试点任务。在旱作区通过种植豆科绿肥翻压还田培肥地力，第一年以种植箭筈豌豆为主，搭配种植毛苕子；第二年以种植毛苕子为主，搭配种植箭筈豌豆；第三年毛苕子与箭筈豌豆进行混作，逐步形成培肥地力与种植绿肥相结合、用地养地相结合的休耕模式，实现藏粮于地、藏粮于技，促进资源、生态协调发展。随着箭筈豌豆逐渐被各级政府农业主管部门、广大科技工作者及种植户的认识，必将在恢复生态的千秋大业中发挥重要的作用。

（三）箭筈豌豆生产中存在问题及发展对策

1. 存在问题

（1）认识不足　由于国家政策性投入不足，箭筈豌豆等绿肥种植利用处于自发状态，农民也对绿肥种植认识不足，认为种植绿肥作物经济效益低，种植积极性不高。

（2）品种退化严重　当前生产上应用的品种大多是 30 年前甚至更久以前的品种，这些品种种性混杂退化、产量低。因此，如何保证长期稳定地提供生产用种将是一大难题。

（3）关键技术落后　大多数种植利用技术及经验形成于 20 世纪 70—80 年代，与当时相比，目前的气候条件、作物品种、施肥水平及施肥方式等都已经发生了巨大的变革。因此，需要对种植利用关键技术进一步研究和集成优化。

2. 发展对策

（1）制定优惠政策，提供生产保证　箭筈豌豆等绿肥生产具有特殊性，它的稳定发展需要相应的政策来保障。政府要将种植绿肥作为一项农田基本建设工程，与粮食、经济作物同等对待，列入生产计划，采取优惠政策，从资金、物质上给予扶持。一是要恢复绿肥种植补贴制度，加大补贴力度。在有条件的地区，可实行由政府补贴，统一供种、甚至是统一播种和统一翻压的方式。二是要制定有关地力保养法规，明确对农民承包田的养地责任，鼓励农民增加养地投入。

（2）加强技术培训　加强对各级领导干部、技术人员和农民技术员的培训工作，提高广大农民对绿肥的认识，掌握一定的栽培技术，解决大面积发展绿肥生

产过程中技术力量严重不足的问题。

（3）合理调整农业种植结构　要从根本上解决好农田绿肥种植、培肥地力、保持土地的可持续能力，必须从继续调整种植业、畜牧业结构入手，使绿肥与粮食作物、经济作物之间协调发展。

（4）重视种子基地建设　开展优良品种资源的提纯复壮及种子繁育基地建设。鉴于绿肥种子不同于普通农作物种子，不能简单地依靠农户留种和市场供种行为，在统筹用地、养地规划的基础上，要研究加强绿肥种子基地建设、保障绿肥生产用种的合理机制。

（5）综合利用　在种植品种选择上，要实现短期与多年、刈割与放牧、产草与产种的协调。在种植业内部要实行粮、经、绿肥三元优化结构，既可培肥地力，又可发展畜牧。发挥种植绿肥养畜节粮、养地增粮的效应，促进农牧业生产的良性循环。

（6）加大科技投入　选育一批适合不同种植制度的绿肥作物新品种，并开展繁种技术的研究，提高种子产量。要研究不同区域绿肥作物肥田、养畜、增粮的合理结构体系，建立有机、无机结合的高效农业体系。应研究提高绿肥的生物固氮、生物富集、生物覆盖、生物化感、污染土壤生物修复等技术措施。开展绿肥综合利用技术研究，如青饲、青贮、食用、加工等，以提高绿肥生产的直接经济效益。

三、中国箭筈豌豆种质资源

（一）概述

箭筈豌豆原产欧洲和亚洲西部，主要是地中海地区，因其适应性广，同时受到人类长期栽培，所以有很大的地区适应性，分布遍及世界五大洲的温暖地区。同时垂直分布也很广，从平原、河谷至海拔 3 000 多米的农田，都有不同的生态型分布。例如土耳其搜集了 200 多个生态型材料，在西部伊斯梅尔旱地进行试验评价，有的在东部安卡拉草地研究所进行研究（洪汝兴等，1985）。

箭筈豌豆自 20 世纪 40 年代中期引入中国后，工作的重点主要是引种试验、筛选适宜不同区域种植的品种，对资源方面研究较少。近十多年来，除了对品种适应性及产量性状方面的研究外，加强了对野生资源、外引品种及选育品种等种质资源的研究。

高晖等（2006）通过查阅资料得出：救荒野豌豆（*Vicia sativa* L.）（即箭筈

豌豆，下同）属豆科野豌豆属，遍布中国各省区，在前苏联、日本也有分布。常生长于山脚草地、路旁、灌木林下或麦田中，极少有栽培。救荒野豌豆为优良饲草，嫩叶含有丰富的蛋白质可食用；全草药用，有活血平胃、利五脏、明耳目之功效，捣烂外敷可治疗疔疮。又由于救荒野豌豆具根瘤，可固氮，因此，可作为一种固氮植物和绿肥。并于 2005 年 5 月上旬至 9 月中旬在青海省东部农业区的民和、西宁市及其下属大通、湟源县对救荒野豌豆的分布情况进行了调查，研究地点平均海拔 1 800~3 000m。样地选取在救荒野豌豆可能分布的山脚草地、河滩、路旁、灌木林下、麦田附近，随机取样调查。记录样地的海拔高度，统计样方中救荒野豌豆密度、频度、盖度及样方内救荒野豌豆地上部分高度、根长、全株鲜重、干重、种子重量等。采用 SPSS 统计软件进行分析。并根据救荒野豌豆分布区的地理分布，计算出救荒野豌豆总面积及其在青海省的生物储量。

1. 救荒野豌豆分布与生境的关系

生境山坡、河滩、农田、路旁、灌木林下救荒野豌豆分布频数分别为 5/80、3/80、2/80、2/80、3/80。可见，救荒野豌豆在山坡地带、湿润河滩上分布较多，在城市公路两旁、农田上分布较少。

2. 救荒野豌豆种群特征

对各样地救荒野豌豆的频度、盖度、密度、平均株高和生物量等项目进行了统计，结果见表 1-1。救荒野豌豆的频度以湟源最高，西宁和大通次之，民和最低；救荒野豌豆的盖度以及密度的大小为：湟源 > 西宁 > 大通 > 民和；平均株高和根长的大小为：西宁 > 大通 > 湟源 > 民和。

表 1-1　救荒野豌豆的种群特征　（高晖等，2006）

地点	频度（%）	盖度（%）	密度（株/m^2）	平均株高（cm）	根长（cm）	鲜重（g）	
						全株	合计
民和	10.00	10.00	7	34.0	10.5	170.0，136.0	306.0
大通	15.00	15.00	9	39.0	14.5	161.0，154.0，138.0	453.0
西宁	15.00	20.00	11	45.0	17.5	168.0，132.0，175.0	475.0
湟源	35.00	40.00	14	37.0	12.5	186.0，177.0，125.0，149.0，175.0，163.0，150.0	1 125.0
平均	18.75	22.25	10	38.75	11.25		157.27

3. 资源量

根据2004年度青海省土地利用现状变更调查年报，扣除耕地等未生长救荒野豌豆的土地面积，西宁和海东地区可能生长救荒野豌豆的土地面积合计为34万 hm^2。救荒野豌豆的群落面积以1/1 000计算。

4. 救荒野豌豆的群落特征与生态环境的关系

民和、西宁、大通、湟源4个地区海拔从1 700~3 000m依次升高，在此条件下，除大通生物量最高外，其他地区救荒野豌豆的频度、盖度及鲜重呈上升趋势。生长在青藏高原的植物叶片叶绿素含量有随海拔升高而降低的趋势，叶绿素a/b比值及类胡萝卜素含量有增大趋势。不同海拔的珠芽蓼叶片和叶绿体的Fv/Fo、Fv/Fm和Rfd值随海拔升高而增大，表明随海拔升高，其潜在光合活力增强。可见，对于青藏高原部分野生植物来说，在一定范围内，会因为海拔升高而增强其光合作用，提高其生物量。

气象资料显示，大通的气候比其他地区湿润，降水的增加会增强植物光合作用。因此，该地救荒野豌豆的生长情况好于其他研究地点。民和海拔低，年平均温度高，光合作用应有所加强，但是由于干旱，造成了当地救荒野豌豆光合作用下降，生长缓慢。此外，由于民和、西宁地区人类活动的频繁，救荒野豌豆的生长受到较大干扰；大通点受到干扰较小，因此当地救荒野豌豆长势较好。

5. 救荒野豌豆出现频数与分布区域的关系

研究发现，农田、公路附近的救荒野豌豆出现频数较低，民和为0/20，湟源为1/20，西宁为1/20，大通为2/20；而山坡、河滩地带以及灌木林下则出现较多，民和为2/20，湟源为2/20，西宁为2/20，大通为5/20，这主要是人为因素造成的。农田等多使用2，4-三氯苯氧乙酸等除草剂，导致救荒野豌豆等双子叶植物被杀死，其出现频数自然降低；公路旁边由于车辆废气、粉尘或人为放牧，也导致救荒野豌豆数量减少。而山坡地带因为人畜干扰较小，所以救荒野豌豆分布有所增加。

甘肃省农业科学院土壤肥料研究所自20世纪70年代至90年代中期开始，共引进箭筈豌豆品种157份，这些品种大多来自俄罗斯、澳大利亚等国，部分引自江苏、陕西、青海、新疆、河南。刘生战等（2002）在1991—1998年对从国内外引进的157份箭筈豌豆种质资源进行了研究。试验地点设在河西走廊东部平川灌区武威市白云村，海拔1504m，年均温7.7℃，年降水量150mm，土壤系灌漠土，土壤肥沃，耕作层土壤有机质含量12.0~18.0g/kg；兰州黄河谷地川水地的甘肃省农业科学院试验地，海拔 1 520m，年均温 9.3℃，年降水量 324.8mm，土壤系灌淤土，耕作层土壤有机质 10.0~15.0g/kg。经过 8 年的观察鉴定、综合评估，苏箭 3 号、333/A、陇箭 1 号、葡 2105-8、西牧 820、81-144 箭豌、山西春箭豌等品种，同时兼有生长速度快，产草、产籽量高，品质优良等特性，在生产中可大力推广应用。其中，苏箭 3 号、333/A 为当时甘肃省推广面积最大的两个品种。与此同时，筛选出 77-56-1、岷 786 两个高蛋白资源（茎叶含粗蛋白质达 25% 以上）；7502-2 箭豌、7502 两个高磷钾资源（茎叶含磷在 0.4% 以上，含钾 3.0% 以上），可作为高蛋白和富含磷钾作物推广种植或作为亲本材料进行杂交育种利用。

王彦荣等（2005）自 1998 年以来，在甘肃省的甘南、天祝和肃南等地通过引种选育，已获得数个适宜高山草原的春箭筈豌豆（*Vicia sativa*）新品系，并开展了生产性能、栽培技术、基因型与环境互作效应和产量的稳定性以及同工酶差异等方面的研究。2000—2002 年在甘肃省的夏河、碌曲和天祝等地，对自国际干旱农业研究中心引进的 4 个箭筈豌豆品系 2505、2556、2560 和 2566 的原种及其选育后代（已表现稳定的第 3 代），以及当地狭叶野豌豆 333/A 品种进行了形态特异性研究。结果表明：各新品系较原种最大的形态特性差异是千粒重极显著增加，平均增加 66% 左右；各新品系及 333/A 间亦存在明显差异，主要表现为 2505-3 的花期最早；2556-3 的叶片为椭圆形，而其他品系为条形；2560-3 的种子群体为杂色，而其他品系种子群体个体间表观一致；2566 的花为白色，而其他为紫红色。

自 1998 年以来，兰州大学草地农业科技学院以早熟、高产为指标，开展了春箭筈豌豆品种选育，至今已成功培育出品种“兰箭 3 号”、品系 2556 和 2560。这 3 个品种（系）的农艺学性状均具有一定的差异，存在基因型与环境稳定互作（管超等，2012）。

6. 品种或材料数量众多

近年来，中国科研工作者对来自世界各地的箭筈豌豆品种从不同角度进行了研究，为箭筈豌豆的综合开发利用提供了技术支撑和科学依据。

刘杰淋等（2011）对从俄罗斯引进的 20 种箭筈豌豆品种进行了生态引种试验，从生育期、青草产量、植物株高、叶片大小及形状 5 个主要指标进行了比较研究和统计分析。结果表明：20 种俄引箭筈豌豆各品种间的生育期之间相差 10d；编号 12 品种产量较高，可达到 8 065kg/hm^2，与编号 5、6、13、14、17、

19 的产草量差异显著；编号 3、10、12、18 与 1、4、5、6、7、8、9、11、13、15、16、17、20 株高差异显著；俄引箭筈豌豆品种编号 12、3、2、18 品种在产草量及株高方面好于其他品种，可丰富箭筈豌豆种质资源。

张少稳等（2011）对引自国家种质库的 9 个箭筈豌豆品种进行了试验，各品种鲜草产量在 1.9~3.0kg/m^2，其中 66-25 最高，758 选最低，66-25、7519-1、Languedoc 可进一步在安徽省舒城县试验示范。

韩梅等（2013）对 124 份引自国家种质资源库的箭筈豌豆种质资源品种 9 个产量性状指标进行主成分分析及聚类分析，以遗传距离 5.0 为分界线，124 份材料可以分为 5 类。第一类包括 39 份材料，产量在 2 000.0kg/hm^2 左右；第二类包括 48 份材料，产量低于 1 000.0kg/hm^2；第三类包括 22 份材料，产量在 3 000.0kg/hm^2 左右；第四类包括 14 份材料，产量在 4 000.0kg/hm^2 左右；第五类包括 1 份材料（中箭 031），产量为 5 400.0kg/hm^2。

卢秉林（2015）对甘肃省 42 份箭筈豌豆种质资源进行研究评价，以期为甘肃省绿肥种植筛选优良的箭筈豌豆品种。结果表明，42 份箭筈豌豆种质资源各性状指标存在明显差异，其中单株荚数和单株粒数是构成箭筈豌豆产量的主要要素。籽粒产量、鲜草产量、单株粒数和单株荚数 4 个指标可以反映箭筈豌豆性状的优劣。通过籽粒产量、鲜草产量、单株粒数和单株荚数 4 项指标进行聚类，可以分为 4 类，Ⅰ、Ⅱ类相对较好，共有 7 份材料，籽粒和鲜草产量分别在 2 623.3~2 990.3kg/hm^2 和 32 357.7~35 967.4kg/hm^2，其中苏箭 3 号、陇箭 1 号和 333/A 属于早熟品种。苏箭 3 号的籽粒和鲜草产量分别达到了 2 990.3kg/hm^2 和 35 967.4kg/hm^2，同时，生育期只有 103d，相对最短；陇箭 1 号与 333/A 同样具有较高的籽粒和鲜草产量，分别达到了 2 909.7kg/hm^2、35 685.7kg/hm^2 和 2 945.5kg/hm^2、35 379.7kg/hm^2，但是生育期略长，分别为 116d 和 115d；西牧 820 虽然也具有较高的籽粒和鲜草产量，两个品种分别达到了 2 911.5kg/hm^2 和 35 411.6kg/hm^2，但是生育期较长，为 130d。第Ⅱ类种质资源材料的籽粒产量在 2 623.3~2 778.2kg/hm^2，鲜草产量在 32 357.7~33 745.0kg/hm^2，生育期相对第Ⅰ类种质资源略长，为 125~138d。早熟品种对于麦类作物收获后的套复种、玉米前期间作、马铃薯绿肥间作、果树绿肥间作和单种绿肥 5 种利用模式均适宜；山西春箭豌和 MB5/794 属于中熟品种，则适宜与马铃薯间作、果树间作和单作；西牧 820 和波兰箭豌属于晚熟品种，则只适宜与果树间作和单作两种利用方式。

张爱华（2016）以 79 份箭筈豌豆品种为供试材料，通过 3 年的田间试验，对各品种农艺性状进行观测、统计分析并进行种质资源筛选评价，筛选出适宜贵州地区种植和利用的箭筈豌豆品种资源。结果表明：小区单株分支分蘖数变异系数最高，达 75.5%，主要根群分布深度次之，为 73.6%，而全生育期变异系数最小，为 1.4% ；通过聚类分析法将 79 种箭筈豌豆品种分为五类：第一类包括 34 份材料，第二类包括 16 份材料，第三类包括 17 份材料，第四类包括 4 份材料，第五类包括 8 份材料；基于主成分分析发现，排在前 5 位的箭筈豌豆品种为品种 89、品种 51、品种 100、品种 76、品种 111。

（二）染色体形态、核型和带型

染色体是细胞水平遗传物质的表征，与生长形态相比，染色体不易受外部环境影响，可作为物种起源、分类、演化和鉴别的重要依据。染色体作为遗传信息的载体，结构和数目的变化是物种进化的主要内容。

朱必才等（1985）的研究指出：箭筈豌豆染色体数 2n=12。染色体的相对长度在 10.64%~21.13%。臂比值在 1.55~2.88。第 1 和 3 对为中部着丝点染色体，第 2、4、5 和 6 对为次中部着丝点染色体，第 5 对具随体。其核型公式为 2n=12=4m+8sm（2SAT）。带型分析结果为：第 1 对染色体具着丝点带和长、短臂上具末端带，第 2 对染色体除具着丝点带和长、短臂上末端带外，在长臂上还具中间带，第 3 对带型与第 1 对相同，第 4、6 对染色体长、短臂上都具末端带，第 5 对具着丝点带、末端带和次绕痕带。其带型公式为 2n=12=4CT+2CTI+4T+2CTN。该研究未标注试验材料品种名称。与朱凤绥等人的报道结果有差异。

陈军等（1993）研究指出：箭筈豌豆是野豌豆属的一个种，也是一个世界分布种。从现在的报道来看，该种的染色体数目，核型以及某些形态学特征都存在着广泛的变异性。据此，他们研究了箭筈豌豆的 2 个品种 333 和 333/A 的染色体数目及核型，试图从细胞学上探讨它们之间的差异。333 是由日本引进的一个品种，333/A 是国内从 333 中选育出的一个新品种。其农艺性状的差异是：333 的豆荚松，易裂荚，而 333/A 的豆荚紧，不易裂荚，并具有低毒、早熟等特点。有人做过测试，这两个品种的酯酶同工酶也有所不同。这两个品种中期染色体的数目，形态及核型相似。它们的核型公式是：K=2n=12=2m+6st（2sAT）+4t。根据两个箭筈豌豆品种的核型组成比较，品种 333 的染色体绝对长度变化范围是 6.3~3.0μm，它的最长染色体长度是最短染色体长度的 2.11 倍。品种 333/A 的染色体绝对长度变化范围是 5.74~2.44μm，它的最长染色体长度是最短染色体

长度的2.35倍，均属不对称核型（3B）。它们之间的区别是：333/A的第1对染色体的长臂上有次缢痕。Holling等（1974）指出，在箭筈豌豆中，他们发现栽培种中的核型变异更大。这说明地理环境对该种的核型变化有重要影响，在特征和遗传学上具有很多变异的种。

管超等（2012）对野豌豆属（*Vicia*）4个不同品种（系）的根尖细胞有丝分裂中期染色体进行数目统计及核型分析。结果显示，4个品种（系）的染色体数目相同，均为2n=2x=12；但核型公式和核型类型各不相同，春箭筈豌豆品种"兰箭3号"（*Vicia sativa* Lanjian No.3）和狭叶野豌豆品种333/A（*V. angustifolia* 333/A）的核型公式分别为2n=2x=8m+2sm+2st和2n=2x=2m+8sm（2SAT）+2st，春箭筈豌豆品系2556、2560的核型公式均为2n=2x=10m+2sm；兰箭3号和品系2556的核型类型均为"2B"，品系2560的核型类型为"1B"，而品种333/A的核型类型为"3B"（表1-2）。表明不同品种（系）春箭筈豌豆之间具有染色体遗传多样性（图1-2）。该研究和前人的研究结果共同表明，不同品种（系）春箭筈豌豆的核型特征存在着广泛的差异，具有广泛的遗传多样性，表明春箭筈豌豆这个物种在进化中具有很大的潜力。

表1-2 野豌豆属不同品种（系）的核型参数比较 （管超等，2012）

参数	春箭筈豌豆 兰箭3号	春箭筈豌豆 2556	春箭筈豌豆 2560	狭叶野豌豆 333/A
核型公式	2n=2x=8m+ 2sm+2st	2n=2x= 10m+2sm	2n=2x= 10m+2sm	n=2x=2m+ 8sm（2SAT）+2st
染色体总长度	41.95	44.11	43.07	50.55
绝对长度范围	1.84~4.78	1.71~5.21	2.01~5.10	2.44~5.68
相对长度范围	4.38~11.41	3.89~11.80	4.69~12.84	4.82~11.23
染色体长度比	2.60	3.04	2.52	2.33
臂比>2∶1的百分比	0.17	0.17	0.00	0.83
核型类型	2B	2B	1B	3B

刘鹏等（2015）对从中国、美国、德国、埃塞俄比亚等22个国家收集的43份野豌豆属牧草种质，对其根尖细胞的有丝分裂中期染色体进行核型分析。野豌

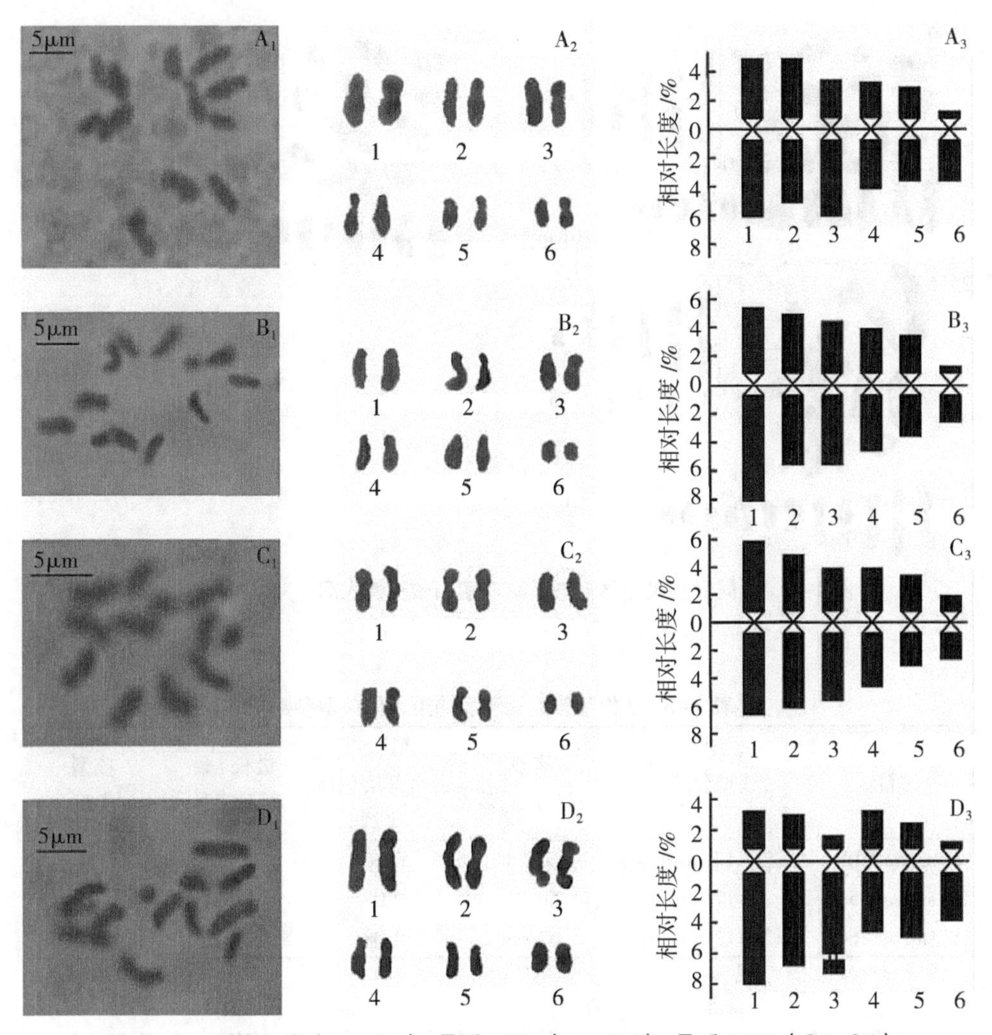

图 1-2　兰箭 3 号（A1~A3）、品系 2556（B1~B3）、品系 2560（C1~C3）和品种 333/A（D1~D3）的染色体形态、核型图和核型模式图（管超等，2012）

豆属植物种子由美国国家种质资源库（NPGS）和兰州大学草地农业科技学院提供。该研究统计了野豌豆属 43 份种质的核型数据，为揭示野豌豆属细胞学特性和演化趋势奠定了基础，结果表明，染色体数目有 5 种：10、12、14、16、24。核型分类有 6 种：2A、1B、2B、3B、2C、3C。其中，3 种箭筈豌豆的染色体形态、核型图和核型模式图及染色体核型参数详见图 1-3、表 1-3。

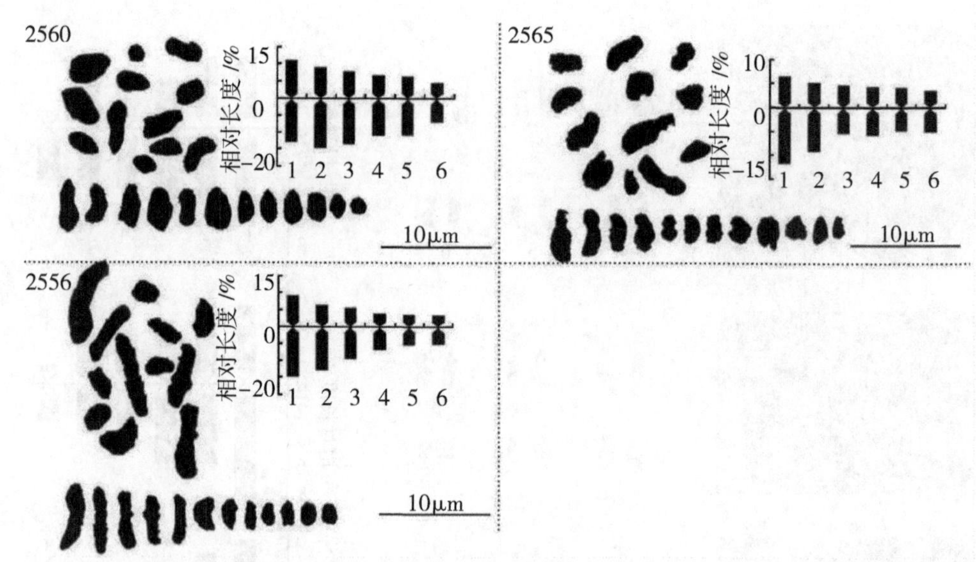

图 1-3　不同品种染色体形态、核型图和核型模式图（刘鹏等，2015）

表 1-3　3 份箭筈豌豆种质的染色体核型参数　（刘鹏等，2015）

材料	核型公式	核型不对称系数	臂比 >2 占全部染色体比例	最长 / 最短染色体	核型类型
V. sativa2505	2n=2x=12=8m+4sm	60.78	0.00	2.86	1B
V. sativa2556	2n=2x=12=8m+4sm	60.17	0.08	2.43	2B
V. sativa2560	2n=2x=12=6m+6sm	63.66	0.08	3.03	2B

陶晓丽等（2017）以“兰箭 3 号”春箭筈豌豆为研究对象，采用 DNase I 法纯化叶绿体，利用第二代高通量测序平台 Illumina Hiseq2000 进行测序，并对“兰箭 3 号”叶绿体全基因组序列的结构特征进行分析。结果表明，“兰箭 3 号”叶绿体基因组仅包括一个单拷贝的反向重复序列，其叶绿体全基因组大小为 121 883bp，共编码了 109 个基因，包括 4 个核糖体 RNA（rRNA）基因，29 个转运 RNA（tRNA）基因，75 个蛋白质编码基因和 1 个假基因。“兰箭 3 号”在叶绿体基因组结构、基因种类、排列顺序上与其他豆科植物基本一致。其叶绿体全基因组序列已在 GenBank 注册，序列号为 KU053796。“兰箭 3 号”叶绿体全基因组测序的成功为叶绿体分子生物学研究奠定了基础，并可有效地促进箭筈豌豆遗传育种和分子进化研究。

（三）复叶表型多样性

箭筈豌豆的叶为偶数羽状复叶，表型多样性分为数量性状多样性和描述性状多样性两大类，能显示遗传多样性的外观指标，是生物多样性与生物系统学的重要研究内容，并且伴随着遗传多样性研究的加强逐步成为国内外研究的热点。叶片表型多样性是植物表型多样性研究的典型代表，同时叶片是植物的重要组成部分，是植物进行光合作用、蒸腾作用和积累干物质的主要器官，叶片的性状特征会直接影响植物的基本行为和功能。董德珂等（2015）对收集于中国、比利时、澳大利亚、摩洛哥、美国、阿根廷等世界6大洲49个国家的532份箭筈豌豆种质资源复叶的9个表型性状进行了调查和分析，填补了箭筈豌豆复叶表型多样性研究的空白，为该种质复叶图像数据库的建立提供部分形态学证据，以期为箭筈豌豆种质资源的收集、鉴定、评价、保护和利用提供参考。结果表明，箭筈豌豆种质资源复叶表型性状的变异范围较大，差异明显，遗传多样性丰富。数量性状可用来分析遗传变异的水平，一般认为变异系数大于10%就说明样本间的差异较大。箭筈豌豆种质资源复叶的小叶数、叶轴长度、复叶宽度、总叶柄长度、叶形指数、复叶面积的变异系数为16.77%~36.60%，平均变异系数为27.25%，表明供试箭筈豌豆种质复叶表型数量性状变异范围较大，差异明显，选择复叶性状各异的材料较容易。其中，复叶面积的变异系数最大为36.60%，且复叶面积是决定其产量的重要因素，在育种过程中容易获得复叶面积较大的高产种质。方差分析结果显示，各性状在0.01水平上达到了极显著差异，表明532份箭筈豌豆种质间复叶表型数量性状差异显著，遗传变异水平较高。该研究为箭筈豌豆种质资源的收集、鉴定、评价、保护和利用奠定了基础。

四、品种利用

（一）品种的熟期类型

箭筈豌豆按生育期长短可将不同品种分为早熟型、早—中熟型、中熟型和晚熟型。在不同生态区之间，早、中、晚熟的标准差异较大。以繁种为目的的，在春播区，早熟品种生育期一般 < 90d，早—中熟品种生育期一般为91~100d，中熟品种生育期一般为101~120d，晚熟品种生育期一般为120d以上。

在秋播区，早熟品种生育期一般为<190d，早—中熟品种生育期一般为191~210d，中熟品种生育期一般为211~230d，晚熟品种生育期一般为230d以上。春播时，早熟品种生育期一般为<110d，早—中熟品种生育期一般为

111~130d，中熟品种生育期一般为131~150d，晚熟品种生育期一般为150d以上，如极早熟品种6625，秋播时生育期为180~240d；春播时生育期为105d。

苏箭3号、陇箭1号和333/A属于早熟品种，麦类作物收获后的套复种、玉米前期间作、马铃薯绿肥间作、果树绿肥间作和单种绿肥等利用模式均适宜；山西春箭豌和MB5/794属于中熟品种，则适宜与马铃薯间作、果树间作和单作；西牧820和波兰箭碗属于晚熟品种，则只适宜与果树间作和单作两种利用方式。做为饲草和绿肥加以利用的，以花荚期刈草和翻压效果较好。

箭筈豌豆既可春播也可以秋播，北方地区从春季至秋季（不迟于8月上旬）均可播种，一般为春播。以收种子用一般在4月初播种较好，夏季播种应争取早播，特别是在温度较低的地区（10月平均温度低于7℃），早播是获得高产的关键。在南方一年四季皆可播种，一般以秋播为主，其适宜播期为8—10月，播种后7~10d出苗，20d左右开始分枝，次年3月开始开花，5月下旬收种，全生育期225~245d。适期早播，秋发草，生长快，春、秋两旺；头年立冬后就可刈青1次，收鲜草30 000.0~37 500.0kg/hm^2。刈割后如能追施1次氮肥，春后还可收青草30 000.0~45 000.0kg/hm^2。若春后留种，则须适当间苗，增加通风透光度，其种子产量可达2 250.0~3 000.0kg/hm^2，是豌豆产量的2~3倍（张春伦，1993）。

箭筈豌豆不同品种的生育期不同，同一品种在不同的生态条件下也有所不同，因播种季节、时期不同而有较大差异，春播生育期较短，秋播生育期较长。苗期生长慢，孕蕾期开始即迅速生长，其生长速度花期以前与温度成正相关，花期以后则与品种特性有关。

（二）品种利用现状

箭筈豌豆原产欧洲南部，亚洲西部，中国在20世纪40年代将其引入甘肃、江苏试种，但在生产上并没有推广，50年代又从苏联、罗马尼亚、澳大利亚等国家引进品种较多，原农业部西北畜牧兽医研究所做了大量的引进、推广和育种研究工作，推广面积最大被称为主栽品种的有“西牧324”春箭筈豌豆（目前仍然面积最大），其次为“333/A”“西牧333”，另有“881”“大荚”“66-25”“879”等品种，在局部范围都有一定的栽培面积。

中国有目的地开展春箭筈豌豆品种的整理、利用、引种试验、选育和栽培等工作始于20世纪60年代。从60年代始，开始箭筈豌豆新品种的选育与研制工作，但以引进品种和地方品种为主，育成的新品种“333/A春箭筈豌豆”为目前国内品质最优，推广面积最大的品种。333/A 春箭筈豌豆（*Vicia sativa* L. var. *angustifolia* L. cv. 333/A），由原中国农业科学院兰州畜牧研究所研制成功，1988 年通过全国饲料牧草品种审定登记。至 1997 年，甘肃省年播种面积（正茬、复种）达 2 万 hm^2。“333/A”品种，可作为春播正茬、套、复种已和绿肥作物利用，目前在甘肃省中部旱农区的轮作倒茬和河西川水灌区的套、复种已形成优势，又在南部半农半牧区或农牧交错地带与燕麦混播生产优质饲草效果显著。主要特点是早熟、丰产、抗旱、耐瘠薄、营养丰富和人畜共用，肥田效果好，对后茬作物增产显著。经大面积推广实践证明：“333/A”比主栽品种“西牧 324”早熟 15~30d，种子产量为 2 250.0~3 750.0kg/hm^2，比对照增产 35.0%~56.0%；复种青草产量为 5.25 万 ~6.75 万 kg/hm^2，增产 23%~26%，干物质百分率高 20%；种子粗蛋白质含量为 32.4%，高 6.8%，茎叶粗蛋白质含量 22.78%，高 5.27%；籽实中氢氰酸含量仅 0.81~2.70mg/kg，符合国家粮食作物食用标准。可见，333/A 春箭筈豌豆是目前发展农牧业生产中可广泛采用和大力推广的优良品种。河南省农业科学院（龚光炎等，1965）开始春箭筈豌豆引种与利用的研究，随后兰州大学、江苏省农业科学院土壤肥料研究所、湖北农业科学院土壤肥料研究所等先后开展春箭筈豌豆品种选育研究工作，育成了“66-25”“西牧 324”“兰箭 1 号”“兰箭 2 号”和“兰箭 3 号”等箭筈豌豆新品种。发展至 20 世纪 90 年代，箭筈豌豆的品种已达几十个之多。这些品种的共同特点是在半干旱、半湿润气候条件下产量高，富含营养和抗逆性强，一般青草产量在 2.3 万 ~4.5 万 kg/hm^2，种子产量 2 250.0~3 000.0kg/hm^2；种子和青干草粗蛋白质含量分别为 30.0% 和 20.0%；但普遍存在的最大弊端是其籽实中有毒物质氢氰酸的含量严重超标，例如“西牧 324”籽实的氢氰含量达 46.0~48.5mg/kg；超出国家允许标准近 10 倍，这一问题曾一度使箭筈豌豆的种子生产几近于停滞状态。

20 世纪 60 年代中期始由甘肃推广种植西牧 324、327、328、880、881 等品种，遂引调西北、华北及江淮地区；70 年代推广种植适宜于长江中下游、中原等地区的“6625”、澳大利亚箭筈豌豆；80 年代初，在北起淮北，南至湘中，以及浙、闽等省发展种植大荚箭豌、苏箭 3 号等品种。除上述主要品种外，搭配品种还有新疆箭筈豌豆，西牧 325、820，阿尔巴尼亚，西牧 333/A，草原 791、879，陇箭 1 号，粉红花箭筈豌豆等品种（吕福海，1994）。

河北省自 1951 年将箭筈豌豆引入坝上高寒地区种植，表现良好。一般种子产量 1 125.0~ 1 500.0kg/hm^2，鲜草 15 000.0~22 500.0kg/hm^2，干草

3 000.0~4 500.0kg/hm。围场县白云皋大队地势高寒少雨，1976 年大面积种植种子产量曾获得 2250.0kg/hm^2；该县郭家湾大队大面积种子产量达 3 600.0kg/hm^2。在张家口坝上高寒低产地区的沽源县种牛场，种子产量 2 625.0kg/hm^2。在察北牧场试种，鲜草最高达 54 120.0kg/hm^2，干草 8 767.5kg/hm^2。河北省畜牧兽医研究所 1967—1968 年在保定地区试种，种子产量 966.0~1 612.5kg/hm^2，干草 2 152.5~3 427.5kg/hm^2，盛花期青割时产鲜草 26 700.0kg/hm^2（赵佩铮，1980）。

山西省农业科学院技术人员 1965 年将箭筈豌豆从甘肃省引入太原，试种表现良好，1966 年在忻县地区五寨县试验示范，试种一开始就受到了广大农户的重视和欢迎。根据几年来种植情况看，在山西省西北丘陵、山区大面积种植，留种田种子产量 1 500.0kg/hm^2 以上，有的可达 4 500.0kg/hm^2 或更高。由 1966 年试种 50 亩，到 1972 年已扩大到近 50 万亩（山西省农业科学院土肥队，1972）。

6625（有的资料上为 66-25，为同一品种，本书以引用资料为准，两者均用）是江苏省农业科学院从外引品种中选育的早熟箭筈豌豆新品种，自 70 年代早熟品种 6625 箭筈豌豆在淮河以南地区应用成功后，在中国南方的冬绿肥中，又增加了一个新的品种。经 8 年来试验和推广应用，由于它具有早熟、耐迟播、含氮量和产种量较高等特点，发展较快，种植面积已达 8.7 万 hm^2 以上。1972 年以当时编号“6625”而定名，开始在江苏省不同类型地区进行连续两年的区域试验，同时供应华东、华中、西南及上海等有关省（市）试种。根据区域试验和示范推广结果，该品种自 25° ~33° N、100° ~122° E，即北起江淮，南至广东北部，西自四川东至上海，约相当在 1 月份平均气温为 1~6℃的地带范围内均可秋播，以用作绿肥饲草。现在，长江中、下游各省（市）栽培面积较大，在中国南部地区正在扩大推广中。1981 年统计，湖北、安徽、江苏、河南 4 省共计有 7.7 万 hm^2，湖南、贵州、四川、上海等省（市）也有一定面积，广东和福建北部的山区有少量栽培。该品种对土壤的适应性也较广。在长江冲积土，黄淮石灰性冲积土，淮南丘陵岗地，苏北轻度盐碱土、潮沙土和红壤性水稻土上栽培，都获得较好的产量。如湖北、湖南省种植，一般鲜草产量 30 000.0~52 500.0kg/hm^2，高的达 75.0t/hm^2；种子产量 750.0~1 500.0kg/hm^2。在南方贫瘠的山地，如湖北凉山，广东韶关，福建建阳等地，海拔在 550~880m 的石灰岩山区和红、黄壤的果茶园栽培，也能收到 30 000.0kg/hm^2 左右的鲜草或 750.0kg/hm^2 的种子（江苏省农业科学院土壤肥料研究所绿肥研究室，1982）。

陈廷俊等（1981）报道，春播箭筈豌豆夏掩作棉花追肥，对棉花的生育十分有利，还利于防棉蚜，可增产皮棉 15%~30%。具体做法是：春播箭筈豌豆一般于 2 月底至 3 月初（当土壤刚刚解冻时）在计划植棉田的宽行中播种 1~2 行。4 月 20 日前后在箭筈豌豆行中套种棉花，5 月底当箭筈豌豆正值盛花期时，将其就地翻压掩青作棉花追肥。掩青之时正是棉花苗期，腐解被利用之时正是棉花的花铃期。棉蚜是棉花生产上的一个大敌。棉田套种春箭筈豌豆后，可改变田间小气候，易于招引瓢虫，可达到“以瓢治蚜”的目的。套种春箭筈豌豆的棉田，在棉肥共生期一般不需打药、治虫，全生育期可比一般棉田少打 3~5 遍药。据 1976 年 5 月 18 日调查，胡套大队杨庄生产队套种春箭筈豌豆的棉花，百株蚜量仅 58.3 头，棉田卷叶率 1.4%，而未套种春箭筈豌豆的毗邻棉田分别为 2 354.5 头和 85.3%。1977 年公社农科站套种春箭筈豌豆的 20 亩棉田，仅在 5 月 3 日花了 3 个工进行一次人工助迁瓢虫，麦前未打一次药，5 月 16 日调查，百株蚜量仅 73.4 头，卷叶率 7.3%，有效地防止了棉蚜为害。而相毗邻的社队的棉田，打了二遍药，平均百株蚜量高达 3 813.7 头，卷叶率 59.3%。

棉田套种春箭筈豌豆也逐渐成为江苏省沛县控制蚜害的重要手段，效果日趋明显，面积逐年增加，到 1979 年，套种面积达 2 000hm^2。棉田套种春箭筈豌豆是生物防治和农业防治相结合，招引、繁殖天敌，控制蚜害的有效形式，控蚜时间长达 30~60d，掩青后增加了棉田的有机肥料，可增产皮棉 9.0%~25.0%（张玉琢，1983）。

陕西省棉花研究所丁芝兰等（1986）于 1978 年、1979 年、1980 年和 1983 年进行了棉田间套春、夏绿肥品种和翻压期试验，又于 1979—1984 年进行了绿肥盆栽定位肥效测定，探讨绿肥翻压后土壤有机质和全氮含量的变化规律与增长幅度，借以达到提高棉花产量的目的。结果表明，棉田行间夏播 6625 箭筈豌豆棉花产量最高。

辽宁省建平县农科所自 1978 年引进试种箭筈豌豆，1979 年进行品比，1980 年作播量试验。在建平县箭筈豌豆既可春播，也可夏播。春播在 750.0kg/hm^2 左右的旱薄地上，鲜草产量达 24 000.0kg/hm^2；在单产 1 500.0kg/hm^2 的平地上，产鲜草 40 500.0kg/hm^2。盛花期压青优于草木樨，适宜间作压青。麦茬复种，鲜草产量 3 000.0kg/hm^2（间作）、8 250.0kg/hm^2（单作）。春播时间为 4 月上中旬，生长速度比草木樨快，从孕蕾到第一批荚果形成生长最为迅速。生长期长短因品种而异，早熟品种 85~90d，中熟品种 110~115d，晚熟品种 120~130d。三年来建平县农科所引入 30 多个品种。表现较好的有冬箭筈豌豆、罗马尼亚箭筈豌豆、

中741等品种（陈宇，1981）。

地处甘肃省东南部的北道区（现为麦积区），位于渭河中游，34° 06′ ~ 34° 28′ N，105° 22′ ~106° 42′ E。全区年降水量各地不一，在506.3~754.4mm，年均气温7~12℃，无霜期155~192d，生长季≥0℃的积温3 345~4 389℃，≥10℃的活动积3 132~3 833℃，日照时数2 098.7h，平均日照百分率为47%。在生长季中，≥0℃期间，日照时数为1 628.1h，占年总日照时数的78%，≥10℃期间日照时数为1193.1h，占年总日照时数的57%。1985年，天水市北道区种草站从中国农业科学院兰州畜牧研所引入333/A无毒箭筈豌豆2 500kg在店镇乡（已划给天水市秦州区）试种，表现优良，很受群众欢迎。1986年，天水市北道区（现为麦积区）调入5 000kg“333/A”在全区推广，两年时间内，共种植300hm^2（包括复种面积），收籽15多万kg，收草250多万kg，有力地促进了本区家庭饲养业及商品畜牧业的发展（周凤鸣等，1988）。

甘肃省榆中县北山地区贡井乡，地处36° 04′ N，104° 24′ E，海拔2 377m，无霜期104d，作物生长期170d，初霜9月中旬，终霜6月初≥10℃的积温1795.9℃，年平均气温4.6℃，极端最高气温28.6℃，极端最低气温-22.8℃；历年平均降水量344.6mm，年蒸发量1458mm。在供试的箭筈豌豆西牧333/A、333、881、879、324、878、327、309和保加利亚豌豆9个品种中，881和324品种在青草和种子产量方面表现优良，分别达到14 000.0kg/hm^2和2 600.0kg/hm^2以上，宜作为该地区的推广品种种植，333/A和333等箭舌豌豆品种以其生育期短、成熟早而表现突出，分别为111d和112d，宜作为本地区的填闲、绿肥作物种植，也可用于作物生长期短的冷凉地区推广（时永杰，2001）。

陈功等（1999）对西牧324、西牧881、西牧333三个春箭筈豌豆品种，在青海省三角城种羊场进行了引种栽培和生产性能试验。试验地位于青海省三角城种羊场境内。海拔高度3 217m，年均气温-0.3℃，≥0℃年积温1 299.8℃，无霜期36d左右，牧草生长期120~130d。年均降水量370.3mm，其中80%集中在6—9月，蒸发量1 607.4mm。土壤为淡栗钙土，有机质含量2.247%，速效磷4.5×10^{-6}，速效钾92.1×10^{-6}，碱解氮120×10^{-6}，pH值8.32。结果表明，三个品种均能较好地适应试验区自然条件，品种间产量差异不显著，单播干草产量达5 849.4~6 049.4kg/hm^2，与燕麦混播干草产量可达10 383.5~12 187.8kg/hm^2。

云南省大理州在20世纪80年代开始引进箭筈豌豆种植，并在洱源县试验、示范和推广，通过净种、与蚕豆混种，以及与小麦、玉米、烤烟间套种等多种方式种植，种植面积逐年扩大，常年种植面积近 700hm^2，取得了显著的经济效益和社会效益（杨志敏等，2005）。

时永杰等（2003）对甘肃省中部半干旱山区箭筈豌豆主要经济性状进行了研究，他们选择当地普遍种植的大荚箭筈豌豆、西牧 333、333/A、879 和 66–25 箭筈豌豆，以榆中县北山地区当地的麻豌豆作对照，从种子生活力、茎叶比、单株性状、鲜草产量、种子产量、生育期等方面进行了主要经济性状的比较研究，结果表明：897 箭筈豌豆的单株性状在供试的 6 个品种中表现优良，青草产量比对照增产 16.4%，种子产量增产 20.6%，抗病性亦强，可代替当地麻豌豆作为当家品种。

在甘肃省甘南藏族自治州卓尼县完冒地区，地处 34° 44′ ~34° 53′ N，130° 5′ ~103° 14′ E，海拔 2 900~3 800m，降水量在 520~600mm，蒸发量 1 488.8mm，无霜期百天以下，≥ 0℃的活动积温 1 988.4℃，年均气温 3.2℃，此地山大沟深，气候复杂，属典型的高寒阴湿地区。种植 324 箭筈豌豆，产草量可达 40 500.0~45 000.0kg/hm^2（奚占荣，2006）。

在贵州省清镇市红枫湖镇，海拔 1 160m，所进行的播种期试验中，9 月 10 播种，4 月 15 日测产的“66–25”鲜草产量 36 570.0kg/hm^2（陈曦，2004）。

王琳等（2005）通过在重庆进行的引种试验，发现箭筈豌豆苏箭 3 号适应重庆冬季的气候，鲜草产量和营养价值也较高，尤其是对改善农田土壤生态环境具有重要的意义。试验地设在巴南区樵坪，海拔约 700m，代表干旱低山丘坡地（海拔 <1 000m）和有一定灌溉条件的低丘地生态条件；年平均气温 16.5℃，最热月均温 26.8℃，最冷月平均气温 6.1℃；年降水量 1 200mm，无霜期 260~285d；土壤属于黄红泥土，耕作土层厚度 25cm，原生植被以蕨、芒萁和蒿为主。试验箭筈豌豆于 10 月 8 日播种，10 月 17 日出苗，第二年 4 月 6 日开花，5 月 10 日结实，5 月 28 日进入成熟期。引种期间发现箭筈豌豆耐寒性強，在气温最低的 12 月和 1 月仍能正常生长，甚至沟水凝结薄冰，生长亦未受任何影响；它的耐旱性能也较强，连续 45d 未下雨，也不浇灌，植株仍保持青绿茂盛，在整个生活期无病虫害，营养生长期约 170d。

拉萨市达孜县的中国科学院拉萨农业生态试验站，在地处 29° 41′ N，91° 20′ E，海拔 3 688m 的青藏高原腹地，西牧 324 种子产量达到 2 442.1kg/hm^2。该地属高原季风温带半干旱气候区，年平均气温为 7.7℃，最热月 7 月平均气温 16.3℃，最冷月 12 月平均气温为 –1.5℃，无霜期 120~130d。年均降水量

425mm，年内分配不均。雨季为6月中旬至9月下旬，降水量为400mm，占全年降水量的90%以上，且多夜雨。西牧324为春箭筈豌豆晚熟品种，在西藏达孜县4月13日播种时，生育期约150d；种子千粒重66.07g（李锦华，2011）。

徐文勇等（2013）在西藏阿里地区草原站试验基地，进行了箭筈豌豆的引种试验（2012年5—9月）。试验材料为从北京百绿集团引进的箭筈豌豆，试验地土壤为沙壤土，耕层浅薄，土壤肥力较低，地势平坦，有灌溉条件，鲜草产量46 995.0kg/hm^2。箭筈豌豆试验区平均海拔4 300m，年平均气温0.1℃，5—9月平均气温9.5~15.8℃，日平均气温≥10℃的日数为80.3d左右。日平均气温稳定通过0℃的持续天数170.2d。≥0℃、≥5℃、≥10℃年积温分别为1 533℃、1 389℃、1 159℃、无霜期95d左右，年平均降水量73.4mm，降雨集中在8月，年总辐射为80.62×J/m^2，属高原亚寒带半干旱季风气候，空气稀薄，气温低，水汽含量少，降水稀少，太阳辐射强，日照丰富，风大风频，霜期长。试验箭筈豌豆品种在试验区具备长势好，生长速度快，产量高等特点，且根系发达，很适合该地生长。适应在相似气候条件地区推广种植，可满足高质量青贮生产的需要，为高寒地区畜牧业发展开辟了广阔的饲草料途径。

桑园种植绿肥，可以增加桑园有机肥源，改土培肥，增加蚕茧产量和提高原料茧的品质。桑园绿肥要求速生、高产、耐阴，对新的、更好的适于桑园间作的绿肥作物亟待开发。桑园冬绿肥，为便于劳力安排，必须在翌春4月底以前结束收割埋青，因此，对冬作绿肥品种既要求能耐迟播、早发，又要能早收获、产草量高。顾静珊（1986）1984—1986年对生长快、产草量高的冬作绿肥箭筈豌豆品种进行了比较试验。箭筈豌豆品种由江苏省农业科学院提供，有5796、苏箭3号、苏箭4号、66-25、大荚5个品种。其中66-25作为对照，桑园常用的冬作绿肥品种蓝花苕子作为第二对照。试验在江苏省镇江市本所内进行，土壤为黄棕壤，微酸性，地力中等，绿肥种植分露地种植和桑园间作两部分。试验通过种子生活力、苗期抗逆性、生育期、生长量、鲜草产量和种子产量的调查对比，表明箭舌豌豆的各品种一般优于蓝花苕子。箭筈豌豆中5796和苏箭3号的鲜草产量，均极显著或显著地超过其他品种以及蓝花苕子，因此，这两个品种可作为桑园冬作绿肥应用。

江苏省农林厅土肥处，江苏省农业科学院土壤肥料研究所（1983）科技人员研究，大荚箭筈豌豆1974年由江苏省植物研究所自法国引进，开始由各地引种观察，1977年起由江苏省农业科学院与有关单位先后在江苏省和华东部分省（市）协作进行箭豌品种区域试验，参加评选的品种有大荚箭豌、B65、FAO、333/A、7401、6625等6个品种，以推广种6625为对照，据江苏省和外省20余点的区试和引种结果，在产量和主要特性上大荚箭筈豌豆表现了明显的优越性，它具有耐寒、耐瘠性好，产草、产种量高，根瘤的固氮能力强等特点，在生产上有一定的推广应用价值。1981年秋已在盐城、淮阴、南通、扬州、镇江及华东部分省（市）示范推广近0.2万hm^2。大荚箭豌在江苏省可秋播，也可春播，南京地区秋播全生育期230d左右，种子在6月5日左右成熟，比6625箭豌晚4~6d，春播全生育期100~110d，种子在6月10—15日成熟。据江苏全省10个点二年的区试结果，大荚箭豌产量均占第一位，鲜草和种子产量分别比对照（6625，下同）增产14.2%、20.6%，常年鲜草产量33 750.0~45 000.0kg/hm^2，种子产量1 875.0~2 625.0kg/hm^2，大荚箭豌适时春播鲜草产量达15 000.0~30 000.0kg/hm^2，种子亩产可收750.0kg/hm^2左右。大荚箭豌返青期比对照提早3~4d，早发可提高产量和提早掩青利用，几年来在大部分地区均能较好地过冬。大荚箭豌一般用作秋播绿肥，自9月上旬至11月底播种的均能开花结籽，并有较好的鲜草和种子产量，淮北地区秋播不宜过早，冬前长得过旺会影响抗寒能力，可掌握9月20日至10月5日播种；淮南地区可在9月25日至10月15日播种，若春播时宜早不宜迟，一般在2月上旬至下旬播种。大荚箭豌适于棉田套种或为果、桑、茶园的间作绿肥，也可与黑麦草、苕子、金花菜、紫云英等混播，可以提高产草量30.0%左右。在稻田最好是耕翻整地播种，如果是板茬播种，要注意水浆管理，保持田面湿软，以利立苗。

为了广辟肥源，增加农作物产量，沈洁等（1985）在油菜田里进行了套种大荚箭筈豌豆试验。试验田设在江苏省盐城市郊区的龙冈镇新冈村三组，代表苏北里下河地区水稻土，母质为湖相沉积物，土种是黑桃土，土壤有机质1.15%，全氮0.08%，速效氮65mg/kg，速效磷2.5mg/kg，因土壤板结，养分含量低，故在宽窄行油菜大行中套种宽幅大荚箭筈豌豆，播种量60.0~75.0kg/hm^2，磷肥300.0kg/hm^2作基肥，翌年4月中下旬绿肥埋青作棉花基肥。试验表明，绿肥品种最好选用大荚箭豌，大荚箭豌盛花期在4月底，而油菜成熟期要到5月中旬，绿肥埋青后移栽棉花，不影响油菜生长发育。

近年来，浙江省西南地区随着山地茶园、果园的快速发展和无公害茶、绿色食品茶、有机茶的相继开发，对有机肥的需求量也大大增加，但是不少地方由于有机肥不足，用地和养地工作相脱节，造成了茶园土壤理化性状变差、肥力下

降，产生了一系列茶园生态失衡问题。为了适应当前生态循环农业技术发展需要，开辟肥源，已是当务之急。沈旭伟（2008）2002年在浙江省庆元县进行了茶园套种大荚箭筈豌豆试验，并进行示范推广，取得较大成效。套种茶园平均产鲜草18 000.0~30 000.0kg/hm^2，基本能满足茶树一年对基肥的需要。实践证明，茶园套种大荚箭筈豌豆是一项既能抑制杂草生长，又能培肥地力和提高茶树抗旱能力的茶园管理新技术，达到改良土壤，改善茶园小气候，增加经济效益的效果。

浙江省玉环县自1981年引进大荚箭筈豌豆试种，8年来在全县19个乡、12个场的不同土壤上种植，均获成功。实践证明，大荚箭筈豌豆具有适应性广、抗病性好、抗逆性强，耐旱、耐盐、耐瘠、耐酸、耐碱、鲜草产量高等特点。在pH值5.5~8.7的范围内均能获得一定的产量，在pH值8.4的滨海地苔山圹文旦基地上种植鲜草产量亦有36 750.0kg/hm^2。1983年开始在苔山圹文旦基地幼龄文旦园地进行套种试验，连续4年套种大荚箭筈豌豆0.44hm^2，翻压鲜草26 250.0kg/hm^2。并与1983年仅套种1年的作对照，试验结果表明，文旦园套种大荚箭筈豌豆，综合效应显著（颜玲飞等，1990）。

福建省建阳县（现为建阳区）试种箭筈豌豆始于1978年，在山地茶、果园进行了适应性鉴定和中间试验，表现良好。1982年秋全区播种面积达106.7hm^2，普遍认为是红壤丘陵茶果园较理想的冬季绿肥，值得进一步推广。适宜种植的品种有66-25、B65和大荚箭豌，其中66-25成熟期较早，4月上旬盛花，有利于早期压青，B65成熟期比66-25迟12d左右，但生长势旺盛，鲜草产量高（周开华等，1983）。

（三）中国箭筈豌豆品种名录

根据资料，将全国各省（区、市）种植、科研院所资源研究及引种试验所涉及的品种整理归纳，按区域及省份列于表1-4。

表1-4 生产中应用或试验的品种名录 （王梅春，2018）

区域	省（区、市）	主要品种	原产地或特点等	利用途径
西北地区	甘肃省	333	日本	绿肥、间套作、复种，与燕麦混播
		333/A	由333中选育	
		309、		
		324、325、326、327、328	罗马尼亚	
		878、879、880、881、882	苏联	
		兰箭1号、兰箭2号，兰箭3号		

（续表）

区域	省（区、市）	主要品种	原产地或特点等	利用途径
西北地区	甘肃省	81-144 箭豌、陇箭 1 号	从新疆箭筈豌豆变异株中系选育成	可作为亲本利用
		苏箭 3 号、333/A、陇箭 1 号、葡 2105-8、西牧 820、81-144 箭豌、山西春箭豌等	兼有生长速度快，产草、产子量高，品质优良等特性，在生产中可大力推广应用	
		品种 77-56-1、岷 786、7502-2、7502	高蛋白、高肥分含量的品种	
		MB5/794、波兰箭豌、葡 2105-8、S79-11、草原 791、麻色箭豌、野豌豆、黑龙江箭豌、山东箭豌、匈牙利、95-99、新疆箭豌、7501 和罗 267、烟台箭豌、324、淮箭 1 号、中 752、大荚箭豌、78-11、苏箭 4 号、B65、79-2、22216、雁玉二号、异叶箭豌、2638、盐城青、652、102、中 741、2637、326、红旗头箭豌、104、328 和黑皮箭豌等		资源评价
	陕西省	晚熟西牧 324、草原 791； 早熟品种 897、西牧 333 等		轮歇地；间作或用作绿肥选用
	宁夏回族自治区	西牧 879、879-1、879-2-1、879-2-2、879-3、山西春、澳大利亚、烟台、791、阿尔巴尼亚等		研究评价
	青海省	西牧 324、澳大利亚、阿尔巴尼亚、145-170、879、791、 中箭 001~ 中箭 133 中的 124 份等		与燕麦混播 与小麦、油菜轮种；研究评价
	新疆维吾尔自治区	333/A、西牧 324 等		与燕麦混播
	内蒙古自治区		主要在乌盟大青山以北的旗县种植	轮作压青

（续表）

区域	省（区、市）	主要品种	原产地或特点等	利用途径
西南地区	西藏自治区	西牧 324 等		与燕麦混播
	云南省			与蚕豆套种等
	贵州省	66-25 品种 01，50-126 等 79 份	国家种质库	绿肥 资源筛选与评价
	四川省	6625、西牧 333、苏箭 3 号等		与黑麦混播
	重庆市	苏箭 3 号等	澳大利亚引入的 Languedoc 品种中选育	绿肥
华东地区	江苏省	66-25 大荚箭豌 B65、FAO、7401、333/A、苏箭 3 号	江苏省农科所 1966 年从澳大利亚引进的箭舌豌豆中选育而成 1974 年由江苏省植物研究所自法国引进	桑园、稻田套种，与黑麦草混播
	浙江省	大荚箭豌、苏箭 3 号等		绿肥，果园、茶园套种
	上海市	大荚箭豌、66-25 等		绿肥
华北地区	北京市	冬箭筈豌豆（中国农业科学院品资所编号 1399）	原种为自陕西武功西北农学院引来	秋播试验
	山西省			轮作、绿肥，套玉米或棉花，单播、与燕麦混播
	河北省	保加利亚、甘红早、江苏、甘白早、826、陇县、324、791、880、白 881、黑 881、66-25、日本 333 等		单播、与胡麻\燕麦混播
华中地区	安徽省	66-25、7502、754-1、7519-1、S79-11、救荒野豌豆、Languedoc、758 选、师宗等		绿肥、棉田套种 引种试验
	湖南省	66-25、澳大利亚等		绿肥
	湖北省	66-25、澳大利亚等		绿肥
	江西省	333/A、66-25 等		绿肥
华南地区	福建省	大荚箭豌、苏箭 3 号、66-25，B65 等		绿肥、茶园\果园套种

（续表）

区域	省（区、市）	主要品种	原产地或特点等	利用途径
东北地区	吉林省	333/A 等		间作
	辽宁省			间作、单作
	黑龙江省	黑龙江省农业科学院草业研究所编号 1–20	2006 年从俄罗斯引进	引种评价试验

注：有些省份对箭筈豌豆有研究和利用，甚至栽培面积也较大，但在发表的资料中没有应用品种的说明，例如云南省、山西省、辽宁省和内蒙古自治区等。还有的省份，有以该省地名命名的品种，但确没查到该省研究利用的资料，例如山东省

第二节　箭筈豌豆生长发育

一、生育时期

从播种到成熟的全过程为生育期。箭筈豌豆全生育期可划分为播种期、出苗期、分枝期、现蕾期、开花期、结荚期和成熟期等 8 个生育时期。各生育时期的长短因品种、当地的气候条件、水分、土壤养分等而有差异；同一品种也因春播、秋播而不同，不同的生育期有不同的特点，对环境条件有不同的要求。

箭筈豌豆各时期形态特征及田间记载标准如下。

（一）播种期

种子播种当天的日期，表示方法为“年月日”，格式为“YYYYMMDD”，如：“20020501”，表示 2002 年 5 月 1 日播种。

（二）出苗期

以试验小区内或大田全部植株为调查对象，50% 以上的植株幼苗露出地面 2cm 以上时的日期。

（三）分枝期

以试验小区内或大田全部植株为调查对象，50% 以上的植株叶腋长出分枝的日期。

（四）现蕾期

以试验小区内或大田全部植株为调查对象，50% 以上的植株顶部出现能够目辩花蕾的日期。

（五）开花期

以试验小区内或大田全部植株为调查对象，50% 以上的植株出现第一朵花的日期。箭筈豌豆花期时间较长，整个花期历经初花期、盛花期到终花期三个时段。

（六）结荚期

以试验小区内或大田全部植株为调查对象，50% 以上的植株出现荚果的日期。此期花荚并存，也可称花荚期。

（七）成熟期

以试验小区内或大田全部植株为调查对象，70% 以上的荚果呈现成熟色的日期。

（八）收获期

实际收获的日期。

二、生育阶段

包括营养生长阶段（播种期、出苗期、分枝期）、营养生长与生殖生长并进阶段（现蕾期、开花期）、生殖生长阶段（结荚期、成熟期）。

营养生长是指植物根、茎、叶等营养器官的发生、增长过程，营养生长阶段包括从出苗期至分枝期。现蕾期是从营养生长向生殖生长的过渡时期。

营养生长与生殖生长并进阶段包括从现蕾期至开花期。

生殖生长阶段包括结荚期、成熟期。

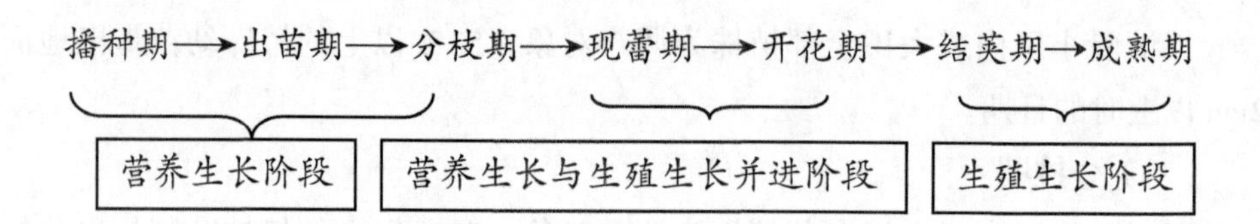

营养生长阶段，箭筈豌豆的根由种子胚根长成。种子萌发时，胚根的分生组织细胞分裂、生长，使根不断增长，其中生长最快的是根的伸长区；茎和叶是由种子的胚芽长成，胚芽顶端的细胞分裂和生长，长成茎，与此同时，部分细胞分化成幼叶，幼叶生长成植物的叶。

当营养生长到一定时期以后，便开始形成花芽，以后开花、结果，形成种子。植物的花、果实、种子等生殖器官的生长，叫作生殖生长。

植物由营养生长转变到以生殖生长为主的阶段，需要一定的条件。首先要依靠植物的营养器官制造和积累一定数量的有机物，其次不同植物还需要不同的外界条件。

营养生长对生殖生长的影响：没有生长就没有发育，这是生长发育的基本规律。营养生长是生殖生长的基础和前提，在植物不徒长的前提下，营养生长旺盛、叶面积大、光合产物多，果实和种子才能良好发育；反之，若营养生长不良，则植株矮小瘦弱，叶小色淡，花器官发育不完全，果实发育迟缓，果实小，种子秕而少，产量低。叶光合作用固定的糖类为生殖生长提供碳骨架和能量，根从土壤中吸收植物生长所必需的矿物质元素和水，这些物质同样是花形态建成所不可缺少的，而茎则作为同化物运转的通道和同化物的产生次级源、中间库，可将物质最终送到生殖体，供植物进行生殖生长。所以，植物生殖生长的一切物质基础都建立在营养生长的基础之上，以营养生长为生殖生长的前提。营养器官生长的好坏会直接影响到生殖器官的发育，不能设想一株瘦矮的箭筈豌豆植株会荚大籽多，籽粒饱满。

对于箭筈豌豆的繁种田来说，这个阶段茎叶在生长，花荚在发育，茎叶在自身生长的同时，又为花荚的生长发育提供大量的营养，在荚果伸长的同时，灌浆使得籽粒逐渐饱满。此阶段需要充足的土壤水分、养分和光照，加强保根保叶，做到通风透光，防止早衰，以保证叶片充分发挥其光合效率，确保多开花多结荚，减少落花落荚和荚果中的养分积累。

生殖生长对营养生长的影响：由于植株开花结果，同化作用的产物和无机营养同时要输入营养体和生殖器官，从而生长受到一定程度的抑制。因此，过早进入生殖生长，就会抑制营养生长；受抑制的营养生长，反过来又制约生殖生长，在植物的生育时期中，营养器官的生长是生殖器官生长的基础，其为生殖器官的生长发育提供必要的碳水化合物、矿质营养和水分等，在此前提下生殖器官才能正常生长发育。营养生长与生殖生长这一矛盾对立体中同时又存在着互相制约、互为影响的问题。

对于作为饲草利用的箭筈豌豆，在这个阶段要加强水肥管理，达到枝繁叶茂，饲草产量最高。

三、荚果发育

（一）荚果发育动态和腹缝线结构

董德珂等（2016，2017）以栽培品种易裂荚的“兰箭3号”和抗裂荚的135号箭筈豌豆为研究对象，对其荚果在发育过程中的形态特征、水分含量、发芽率及腹缝线横截面解剖结构等的动态变化进行观察分析，以探讨箭筈豌豆荚果的裂荚机理，为生产中确定种子收获的适宜时间提供理论依据。

试验中选取各份材料的正常饱满的种子，种植在面积为1m×25m的试验小区，采用单行单株种植的方法，株距为50cm，每份种质3次重复，灌水等其他条件保持相同。在盛花期时标记135号箭筈豌豆完全开放的花朵（以旗瓣完全展开为完全开放）。研究所用材料兰箭3号和135号箭筈豌豆均由兰州大学草地农业科技学院、草地农业生态系统国家重点实验室提供。

盛花期标记的花朵，分别在盛花期后5、10、15、20、23、26、29、32d进行取样。各取样时期在各小区中随机取10个正常的荚果，用来测定荚果及种子的形态学、生理学等指标。从每个小区另取若干个荚果放入FAA固定液（70%乙醇：冰乙酸：甲醛=9：0.5：0.5）中固定，并保存在4℃冰箱中，用于制备冷冻切片。荚果成熟时，取若干个兰箭3号和135号荚果，用于测定其裂荚力和裂荚率。

1. 箭筈豌豆荚果的形态学特征

“兰箭3号”荚果的颜色随生长时间的推移而发生显著的变化。在荚果生长发育的早期，盛花后0~2d的荚果颜色为绿色；随着荚果的进一步发育，盛花后25d荚果颜色变为棕绿色；盛花后30~35d荚果失去绿色，变为浅棕色。浅棕色是“兰箭3号”荚果成熟的颜色。“兰箭3号”荚果的长、宽和厚在荚果发育过程中的变化如下所述。盛花后0~10d是荚果长度和宽度的迅速生长期，于盛花后10d左右达到最大值，此段时间荚果厚度生长相对较缓慢；盛花后10~20d荚果厚度迅速增长，于盛花后20d左右达到最大值，荚果厚度增加的原因是种子的生长，表明这段时荚种子在迅速生长；盛花后20~35d荚果宽度和厚度略有减小，是细胞失水皱缩造成的。

135号箭筈豌豆荚果的颜色随生长时间的推移而发生显著的变化。盛花后5~20d荚果颜色为绿色；盛花后23d荚果颜色变为棕黄色；随着荚果的进一步发育，盛花后26~32d荚果颜色变为棕黑色。135号箭筈豌豆荚果的长度和宽度在盛花后 0~15d 时迅速增加，并于盛花后 15d 左右达到最大，随后基本保持不变。荚果的厚度在盛花后 0~23d 时持续增长，于盛花后 23d 左右达到最大。

2. 箭筈豌豆荚皮和种子的生理学特征

“兰箭 3 号”荚果中荚皮的鲜重、干重和含水量随其生长时间有明显的变化。荚皮的鲜重和含水量的变化趋势一致，盛花后 5~10d 迅速增加，随后增速变缓，盛花后 20d 左右达到最大值，盛花后 20~30d 迅速减小，盛花后 30~35d 两者都基本不再发生变化；荚皮干重在盛花后 0~20d 呈逐渐增加的趋势，20d 左右达到最大值。

“兰箭 3 号”荚果中种子的鲜重、干重和含水量随生长时间的变化而变化。种子的鲜重和含水量的变化也基本保持一致，盛花后 5~20d 迅速增加，盛花后 20~30d 迅速减小，盛花后 30~35d 基本保持不变；种子的干重在盛花后 5~15d 缓慢增加，盛花后 15~20d 迅速增加，盛花后 20~30d 缓慢增加，盛花后 30d 左右达到最大值。

135 号箭筈豌豆荚皮鲜重在盛花后 0~20d 呈逐渐增加的趋势，大约在盛花后 20d 达到最大值，随后逐渐减小，至盛花后 29~32d 达到最小值。荚皮含水量在盛花后 5~29d 呈逐渐减小的趋势，至盛花后 29~32d 达到最小值，盛花后 26d 约为 30%；荚皮的干重在盛花后 0~23d 逐渐增加，在盛花后 20d 左右达到最大值，随后保持不变。

135 号箭筈豌豆种子鲜重在盛花后 0~23d 呈逐渐增加的趋势，随后逐渐减小，在盛花后 29~32d 趋于稳定。种子含水量在盛花后 10~29d 呈逐渐减小的趋势，盛花后 29~32d 达到最小值，在此期间无明显变化，盛花后 26d 约为 30%；种子干重在盛花后 0~10d 时开始增长，但是增长缓慢，盛花后 10~26d 是种子干重的迅速增长期，并在盛花后 26d 左右达到最大值，随后保持不变。

3. 箭筈豌豆腹缝线横截面结构

通过电镜扫描和半薄切片制备的研究得出：“兰箭 3 号”荚果腹缝线的表面结构如下所述。随着荚果的生长发育，表皮毛变疏，盛花后 10~15d 在腹缝线中间长出一个凸起的结构，盛花后 20~35d 凸起平展。盛花后 5~20d 腹缝线中间结构完整，没有开裂迹象；盛花后 25d 荚果沿着腹缝线中间开始裂开，并向两边延伸；盛花后 30d，腹缝线中间大部分已经裂开；盛花后 35d 腹缝线中间已经完全开裂。

“兰箭 3 号”荚果发育过程中腹缝线横截面的微观结构为，盛花后 5d，荚果

的两个果瓣中间尚未分开，中果皮和内果皮有很小的厚壁细胞。盛花后10d，荚果两个果瓣中间分开形成空腔，为种子发育提供空间，内果皮的厚壁细胞发育形成内厚壁组织；中果皮的厚壁细胞发育形成两个分开的维管束，分别嵌入两个果瓣中；两个果瓣连接处的果瓣缘细胞分化形成离层细胞，与两个维管束共同形成了一个帽子状的结构；外部果瓣缘细胞外侧的细胞壁明显增厚，并相互融合在一起。盛花后15d，荚果微管束和内厚壁组织的细胞逐渐增多变大，细胞壁逐渐增厚，且维管束上端逐渐向外果皮延伸。盛花后20d，夹在两个维管束之间的离层细胞开始解体。盛花后25d，内、中、外三个果皮的细胞开始失水皱缩，内果皮的薄壁细胞已经有一部分开始破裂；离层细胞及其下面的薄壁细胞完全解体；外部果瓣缘细胞内侧细胞壁破裂，但是外侧异常加厚的细胞壁仍然保持完整，连接两个果瓣，使荚果不开裂。盛花后30~35d，荚果的两个果瓣裂开，外部果瓣缘细胞外侧细胞壁断裂成两部分；内果皮的薄壁细胞大部分完全破裂，靠近内厚壁组织的薄壁细胞的细胞壁皱缩在一起；并且外果皮和中果皮细胞完全失水，细胞壁皱缩在一起。

通过135号箭筈豌豆腹缝线横截面的冷冻切片，可以看到，在盛花后5d，135号箭筈豌豆外部果瓣缘细胞的外侧细胞壁开始加厚，但不明显；维管束细胞的细胞壁还没有加厚的迹象，但是已经形成了维管束的雏形。盛花后15d，外部果瓣缘细胞的外侧细胞壁明显加厚，并融合为一个整体；维管束细胞的细胞壁也明显加厚，夹在两个维管束中间的是一些薄壁细胞，前期的研究结果显示，这些薄壁细胞在兰箭3号箭筈豌豆中会分化成离层细胞。盛花后15d，外部果瓣缘细胞的外侧细胞壁和维管束细胞的细胞壁继续加厚，并且维管束中间的薄壁细胞有一部分分化成跟维管束细胞一样的厚壁细胞，但是中间仍有部分细胞隔开了两部分维管束。盛花后20d，外部果瓣缘细胞的外侧细胞壁和维管束细胞的细胞壁的厚度不再发生明显变化，由维管束中间的薄壁细胞分化而来的厚壁细胞将维管束两部分连接在一起。盛花后23~26d，内、中、外果皮的薄壁细胞逐渐失水皱缩，但是荚果的两个果瓣并没有开裂的迹象，维管束和外部果瓣缘细胞由于存在加厚的细胞壁，形态上没有发生变化。

（二）荚果的裂荚特性

裂荚现象普遍存在于豆科植物中，对其种子生产造成巨大的损失。确定种子适宜的收获时间，减免裂荚的发生，可一定幅度上提高种子产量。因此从19世纪60年代起一些研究者开始致力于种子适宜收获时间的研究，避免收获时间不当带来的损失。裂荚与荚果本身的组织结构有着密切联系，在自然或物理机械压力下，造成了荚果的某一位点开裂。腹缝线是心皮边缘闭合卷曲发育而来的，荚果首先沿着心皮愈合处的腹缝线开裂，然后由于机械扭曲力的作用使得背缝线开裂，因此腹缝线是荚果开裂的起始部位。已有的对荚果解剖结构的研究发现离层、内果皮的内厚壁组织、中果皮的木质化细胞以及维管束等是荚果开裂及抗裂荚的重要结构。

董德坷等（2016，2017）的研究发现，135 号箭筈豌豆盛花后 26d 时其荚果变为棕黑色，经过测定此时荚果的长度、宽度、厚度，荚皮和种子的干重已经达到最大值，含水量较低，发芽率相对较高且硬实率较小，说明此时已经完成了生理成熟且硬实还没有完全形成。因此，推断盛花后 26d 荚果变为棕黑色时是 135 号箭筈豌豆种子的适宜收获时间。而离层的丢失和分化形成的厚壁细胞是 135 号箭筈豌豆荚果抗裂荚的关键因素。

通过对比易裂荚种质兰箭 3 号和抗裂荚种质 135 号箭筈豌豆荚果的腹缝线解剖结构发现，二者最大的区别在于离层的有无，其他结构均无明显差异。诸多研究表明，离层是豆科植物荚果开裂不可或缺的关键结构。通过对易裂荚种质兰箭 3 号荚果的解剖结构发现，离层是由夹在两个维管束中间的薄壁细胞组成的，离层细胞释放水解酶，使细胞解体，是荚果开裂的起始部位，也是荚裂的首要原因。

研究表明抗裂荚的 135 号箭筈豌豆荚果在发育过程中并没有产生离层，夹在两个维管束中间的薄壁细胞不是分化成离层，而是分化成了与周围维管束一样的厚壁细胞，并把两个维管束紧紧连接在一起，极大地增强了组织的支撑能力。另一方面离层在发育后期会产生水解酶使细胞裂解，因此，离层的丢失也避免了细胞裂解的发生。值得一提的是，在兰箭 3 号荚果的解剖结构中，外部果瓣缘细胞是其荚果抗裂的一个关键结构，在 135 号箭筈豌豆种质中也存在该结构，表明外部果瓣缘细胞是箭筈豌豆荚果抗裂不可或缺的存在。综上所述，离层的丢失和分化形成的厚壁细胞是 135 号箭筈豌豆荚果抗裂的主要原因。

试验表明兰箭 3 号的裂荚率为 50% 左右，显著高于 135 号种质（裂荚率为 2.5% 左右）。135 号在水平放置和垂直放置时开裂所需的机械力（即裂荚力）显著高于兰箭 3 号。

荚果和种子外部形态变化及成熟状态的指标被认为是确定种子适宜收获时间最有效且最便捷的方式，这种方法既可以避免测定种子生理指标和种子品质花费

的大量时间，又不用破坏种子的内部结构，因此，形态学指标在实际生产中应用的意义较大。

（三）种子的硬实性

种子硬实是物种延续对环境的一种特殊适应性，硬实种子具有很高的潜在活力。硬实种子破除硬实后活力水平显著提高。豆科牧草因普遍硬实率高，活力无法体现，导致出苗率低、出苗不整齐，严重影响了牧草的田间种植，成为豆科牧草人土栽培中不容忽视的重要问题。

马正华（2013）用救荒野豌豆（*Vicia sativa* L.）、窄叶野豌豆（*Vicia augustifolia* L.）、山野豌豆（*Vicia amoeua* Fisch）和大花野豌豆（*Vicia buugei* Chwi）以种子吸胀试验和硬实破除试验对种子的硬实特性进行了研究。

1. 种子吸胀特性分析

救荒野豌豆、窄叶野豌豆、山野豌豆和大花野豌豆种子的硬实率分别为93%，73%、72%和64 %，24h内的相对吸胀率分别为42.8%、22.2%、17.8%和19.4%，显著高于之后开始吸胀的种子数。96 h内的相对吸胀率均超过50%，从第2天开始吸胀的种子数开始下降，速率不一，11d后，除大花野豌豆外，其余种子吸胀率均降到1%以下，其中救荒野豌豆吸胀率降到0。

2. 种子硬实破除效果与分析

用浓硫酸浸种10min，救荒野豌豆发芽率、发芽指数和活力指数均最高。浓硫酸浸种10min，窄叶野豌豆发芽率最高；浸种15min，发芽指数和活力指数最高。浓硫酸浸种20min，山野豌豆发芽率、发芽指数和活力指数均最高。浓硫酸浸种15min，大花野豌豆种子发芽率和活力指数最高；浓硫酸浸种20min，大花野豌豆发芽指数最高。

3. 种子形态学特征分析

种皮的颜色、厚度、结构以及种子大小和种脐厚度等特征都可能与种子的硬实率有关。救荒野豌豆、窄叶野豌豆、山野豌豆和大花野豌豆种皮的颜色、种脐的颜色和位置以及种子的形状均相似，但种子直径大小和千粒重不同，表现出了一定的差异性。说明4种野豌豆种子的硬实率与种皮颜色无相关性，但可能与种子大小和千粒重相关，具体还需进一步研究。

试验结果同时表明，非硬实种子大多集中在整个吸胀期的前期进行吸胀；但在第14天后，仍有个别种子在间断的吸胀，说明硬实种子只是一个相对的概念，不同植物种子硬实特性有所差异，故计算硬实率时，吸胀时间不必一定限制在

14d 之内。以吸胀种子的比例数为统计单位，可能会更加合理。因此，在吸胀期间，当种子的吸胀率等于或低于 1% 时，即可统计种子硬实率，将此时仍未吸胀的种子视为硬实种子。

通过浓硫酸浸种破除种子硬实效果十分显著。经过浓硫酸处理的种子吸水量迅速增加，但由于浓硫酸浸种易对种子产生酸害，伤及种胚；而且试验中 4 种野豌豆属种子的硬实率在适度的时间控制下显著下降，且保持了较高的活力，而在过长浸种时间下硬实率虽有显著下降，但种子活力也大幅度下降，因此，在浓硫酸浸种破除硬实过程中，时间的控制是关键因素。

豆科牧草种子由于其种皮中长柱状细胞栅栏层的存在，往往限制水分的渗入和种胚的气体交换，阻碍 O_2 的进入和 CO_2 的排出，从而抑制呼吸，不能保证萌发所需能量，因而不能正常发芽。种皮的结构、厚度、颜色以及种子大小和种脐厚度等因素都可能与种子硬实有关。有研究表明，植物种子的大小不同，硬实率也有差别。大豆、毛蔓豆和苦豆子的小粒种子硬实率较高。上述试验中，救荒野豌豆、窄叶野豌豆、山野豌豆和大花野豌豆的种子直径和千粒重依次递减，硬实率也依次降低，这与上述研究结果不符。救荒野豌豆、窄叶野豌豆、山野豌豆和大花野豌豆的种皮颜色十分接近，均为褐色和深褐色，与硬实率无关；因此，种皮颜色与硬实率是否存在内在必然联系，还有待于进一步研究。有研究表明，种皮颜色深浅与硬实率也有一定关系。二色胡枝子、苜蓿、红三叶、苦豆子的深色种子硬实率高于浅色种子。

通过吸胀试验和硬实破除试验对种子硬实特性进行研究，结果表明，在标准发芽期内，非硬实种子吸胀率随着时间的推移呈现明显的下降趋势。浓硫酸浸种时间对种子发芽率和种子活力影响很大，浓硫酸浸种处理救荒野豌豆 10min、窄叶野豌豆 15min、大花野豌豆 15min、山野豌豆 20min 破除硬实效果为佳。此外，对种子形态特征与种子硬实率进行相关性分析，结果表明，4 种野豌豆种子的硬实率与种子大小具有一定的相关性。

四、环境条件对箭筈豌豆生长发育的影响

（一）温度的影响

1. 种子萌发的三基点温度

即最低温度、适宜温度、最高温度。

温度是影响种子萌发的一个关键因素。早在 19 世纪中期，德国学者 Sach

就提出使用温度三基点即最低温、最适温与最高温来描述种子萌发对温度的需求（Bewley，1994）。一般认为，种子萌发对温度的需求特性有利于其调整萌发时机，以在特定生境下最大限度地增加幼苗的存活因而对于物种对环境的适应及其延续具有重要意义（Baskin，1998）。因物种与所处生境的不同，种子萌发对温度的反应存在较大差异，如一般温带植物种子萌发的最低温与最高温都较低，而热带植物的均较高；对于同一植物，由于所处环境不同，种子萌发对温度的需求也存在不同程度的差异，如 Trudgill 等研究表明生长在英国的紫羊茅（Festucarubra）种子萌发的最低温与积温均值分别为 4.7℃与 56℃；而分布在青藏高原东缘的紫羊茅种子萌发的最低温与积温均值则分别为 0.11℃与 139.92℃（王梅英等，2011）。

基于种子萌发对温度的响应特征，Garcia-Huidobro 等（1982）提出种子萌发的积温模型（thermal time model），经过数十年的发展和完善积温模型已广泛应用于定量分析种子萌发对温度的需求。

周勇辉等（2016）研究了青藏高原东北部救荒野豌豆（*Vicia sativa* L.）、山野豌豆（*V. amoena* Fisch.）和三齿萼野豌豆（*V. bungei* Ohwi）种子萌发对不同处理的响应。结果表明：自然状态下 3 种野生豌豆种子的萌发率较低（0~4 %）；经恒温、变温、机械破皮、KNO_3 和浓硫酸处理后种子的萌发率显著提高，尤以机械破皮和浓硫酸处理 30min 种子的萌发率最高；在 20、25、30℃恒温和 15/30℃变温条件下，3 种野豌豆种子在 25℃下萌发率达到最高，温度超过 25℃时种子萌发率则逐渐下降，且 15/30℃变温处理种子的萌发率介于 20~30℃，表明 25℃恒温处理是这 3 种野豌豆种子萌发的最适温度。

2. 种子萌发的积温

胡小文等（2012）以青藏高原野豌豆属窄叶野豌豆（*Vicia angustifolia*）、山野豌豆（*V. amoena*）、歪头菜（*V. unijuga*）3 种野生植物与一种当地栽培植物救荒野豌豆（箭筈豌豆）（*V. sativa*）兰箭 3 号种子为材料，在 5℃、10℃、15℃、20℃、25℃及 30℃下进行萌发实验，应用种子萌发的积温模型对上述 4 种植物萌发对温度的响应特征进行了比较分析。结果表明：基于萌发速率（1/T g）对种子萌发温度最低温 T b 值的估计受萌发率（g）的影响较小；与此不同，除兰箭 3 号种子外，对萌发最高温 T c 值的估计，受到 g 的显著影响。这表明种群内所有种子个体萌发的 T b 值相对恒定，但 T c 值在有些物种中变异较大；基于重复概率单位回归分析估计的种子萌发 T b 值与基于萌发速率估计的值较为接近；

而由此方法估计的 T c 值则与萌发率为 50% 时的估计值较为接近；相比多年生豆科植物歪头菜和山野豌豆，一年生豆科植物箭筈豌豆兰箭 3 号与窄叶野豌豆具有相对较低的 T b 与 T c 值；积温模型可准确地预测休眠破除后豆科植物种子在不同温度条件下的萌发进程。

徐杉等（2016）研究得出箭筈豌豆对温度要求低，6~8℃的温度下可旺盛生长，0℃低温下也能正常生长。张少稳等（2011）的研究表明，箭筈豌豆在 0℃低温下也能保持不被冻死。徐文勇等（2013）在阿里地区平均海拔 4500m 高原作箭筈豌豆引种试验。试验于 2012 年 5—9 月在西藏阿里地区草原站试验基地进行。试验区属高原亚寒带半干旱季风气候，空气稀薄，气温低，水气含量少，降水稀少，太阳辐射强，日照丰富，风大风频，霜期长。箭筈豌豆试验区平均海拔 4 300m，年平均气温 0.1℃，5—9 月平均气温 9.5~15.8℃，日平均气温≥ 10℃的日数为 80.3d 左右。日平均气温稳定通过 0℃的持续天数 170.2d，≥ 0℃、≥ 5℃、≥ 10℃的年积温分别为 1 533℃、1 389℃、1 159℃，无霜期 95d 左右，年平均降水量 73.4mm，降雨集中在 8 月，年总辐射为 80.62 KJ/m^2。试验地土壤为沙壤土，耕层浅薄，土壤肥力较低，地势平坦，有灌溉条件。5 月 1 日开始播种，12 日出苗。箭筈豌豆在出苗期的生长速度相对较慢。在进入 7 月中旬后，生长加快。

试验表明，温度显著影响箭筈豌豆植株生长速率，25℃和 20℃下出苗后进入快速生长期，且分别在播种后第 7 天和第 8 天生长速率达到最高，之后生长速率变缓；而 15℃和 10℃下，分别在第 11 天和第 18 天生长速率达到最高，之后生长速率也变缓，且 4 个温度处理下最高生长速率不同。

在 25℃和 20℃下，箭筈豌豆分别在第 20 天和第 23 天几乎停止生长；而在 15℃和 10℃下，箭筈豌豆直至试验结束时生长速率仍较快。因此，10~25℃，随着温度的升高，箭筈豌豆幼苗生长逐渐加快，生长期逐渐缩短。

同一温度不同土壤水分之间植株生长速度无显著差异。土壤含水量为 70% FMC 时，其株高均高于同一温度下其他水分处理，土壤水分对箭筈豌豆幼苗株高影响不显著，而温度以及温度和水分两者的交互作用则对箭筈豌豆幼苗株高影响较大。地上生物量 10℃条件下，各土壤水分处理下箭筈豌豆幼苗干质量均低于其余温度；20℃时，各土壤水分处理下箭筈豌豆幼苗鲜质量均较高。在 20℃条件下，土壤含水量为 80% FMC 时，其幼苗干质量达到最高，为 0.599 8g，70% FMC 次之，为 0.553 0g；当温度为 10℃、土壤含水量为 80% FWC 时，箭筈豌豆幼苗鲜质量出现最低值，为0.3640g，箭筈豌豆幼苗的生长受到抑制。另外，在同一温度条件下，土壤含水量只有在20℃下对箭筈豌豆生物量才表现出较大的影响，其余3个温度各不同土壤水分处理之间幼苗干质量无显著差异。因此，温度与土壤水分相比较，影响箭筈豌豆地上生物量的因素主要是温度。

随着土壤水分含量的增加，箭筈豌豆幼苗地下生物量（根干质量）呈大致降低趋势，各水分处理间差异显著；在同一水分下，随着温度升高，箭筈豌豆幼苗根干质量呈现先升高后下降的趋势。在20℃，土壤含水量为70% FMC时，其根干质量达到最高，为0.242 7g；温度为10℃、土壤含水量为90% FMC，出现最低值，为0.079 6g。同一温度下，随着土壤含水量的增加，箭筈豌豆幼苗总生物量初期比较稳定，随后呈缓慢下降的趋势，在土壤含水量为80% FMC和90% FMC时，其总生物量较低，除10℃外，90% FMC处理与其他各水分处理差异显著；同一水分条件下，箭筈豌豆幼苗总生物量呈先增加后下降的趋势，在20℃条件下出现较高值，与其他3个温度处理差异显著。土壤水分对箭筈豌豆幼苗总生物量（干质量）影响不显著，而温度以及温度和水分两者的交互作用则对箭筈豌豆幼苗总生物量（干质量）影响较大。

3. 温度对幼苗生长的影响

温度是植物生长最基本也是最重要的条件之一，影响作物整个生命周期的各个发育阶段。种子出苗是箭筈豌豆生长和发育的起点，是生长发育的敏感时期。植物最适温度下，作物生长发育迅速而良好。苗期是箭筈豌豆生长发育的敏感时期，其中温度是影响幼苗出土的主要因素。

刘勇等（2014）对兰箭2号箭筈豌豆幼苗时期生物学特性的研究表明，同一水分条件下，在10~25℃内，随着温度的升高，箭筈豌豆幼苗前期生长速率逐渐升高，生长期逐渐缩短，停止生长的时间提前。箭筈豌豆幼苗生长和发育的适宜温度为20℃，在20℃条件下，幼苗出土最快，总生物量与10℃、15℃、25℃ 3个温度处理间差异显著；培养温度低至10℃时，株高和生物量显著下降。因此，幼苗出土后，土壤含水量保持在50%~70% FMC，外界环境温度控制在15~20℃，对箭筈豌豆幼苗生长最有利。

（1）不同温度和水分条件对种子出苗率的影响　不同处理中，当温度为20℃、土壤含水量为70% FMC时，箭筈豌豆种子出苗率达到最高，为96.87%。在15℃和20℃，土壤含水量为50% FMC、60% FMC和70% FMC时，箭筈豌豆种子出苗率均较高，而土壤含水量80% FMC和90% FMC时则显著抑制了箭筈豌豆种子的出苗。

80% FMC，在10℃、15℃、20℃和25℃条件下出苗率与土壤含水量70% FMC相比，分别降低了43%、23%、25%和12%。90% FMC分别降低了93%、58%、74%和37%。同时，箭筈豌豆种子出苗时间随处理温度的降低逐渐推迟，在10℃、15℃、20℃和25℃条件下出苗时间分别是播种后第5d、4d和3d。10℃时，其种子于播种后第5天出苗，且其当日平均出苗率仅达3.75%。随着时间的推迟，出苗率逐日增加。因此，说明试验材料不喜高温，抗旱性较强，但不抗涝。

温度对箭筈豌豆出苗率影响不显著，而土壤水分以及温度和水分两者的交互作用则对箭筈豌豆出苗率影响较大，且达到显著水平。

（2）不同温度和水分条件对幼苗株高的影响　温度显著影响箭筈豌豆植株生长速率，25℃和20℃下出苗后进入快速生长期，且分别在播种后第7天和第8天生长速率达到最高，之后生长速率变缓；而15℃和10℃下，在第11天和第18天生长速率达到最高，之后生长速率也变缓，且4个温度处理下最高生长速率不同。

25℃和20℃下，箭筈豌豆在第20d和第23d几乎停止生长；而15℃和10℃下，箭筈豌豆直至试验结束时生长速率仍较快。因此，10~25℃，随着温度的升高，箭筈豌豆幼苗生长逐渐加快，生长期逐渐缩短。同一温度不同土壤水分之间植株生长速度无显著差异。土壤含水量为70% FMC时，其株高均高于同一温度下其他水分处理。

土壤水分对箭筈豌豆幼苗株高影响不显著，而温度以及温度和水分两者的交互作用则对箭筈豌豆幼苗株高影响较大，且达到显著水平。

（3）不同温度和水分条件对生物量的影响

① 地上生物量：10℃条件下，各土壤水分处理箭筈豌豆幼苗干质量均低于其余。20℃时，各土壤水分处理下箭筈豌豆幼苗鲜质量均较高。在20℃条件下，土壤含水量为80% FMC时，其幼苗干质量达到最高，为0.599 8g，70% FMC次之，为0.553 0g；当温度为10℃、土壤含水量为80% FMC时，箭筈豌豆幼苗鲜质量出现最低值，为0.364 0g，箭筈豌豆幼苗的生长受到抑制。另外，在同一温度条件下，土壤含水量只有在20℃下对箭筈豌豆生物量才表现出较大的影响，其余3个温度各不同土壤水分处理之间幼苗干质量无显著差异。因此，温度与土壤水分相比较，影响箭筈豌豆地上生物量的因素主要是温度。

② 地下生物量：同一温度下，随着土壤水分含量的增加，箭筈豌豆幼苗地下生物量（根干质量）呈大致降低趋势，各水分处理间差异显著；在同一水分下，随着温度升高，箭筈豌豆幼苗根干质量呈现先升高后下降的趋势。在20℃，土壤含水量为70% FMC时，其根干质量达到最高，为0.242 7g；温度为10℃，土壤含水量为90% FMC时，出现最低值，为0.079 6g。

③ 总生物量：同一温度下，随着土壤含水量的增加，箭筈豌豆幼苗总生物量初期比较稳定，随后呈缓慢下降的趋势，在土壤含水量为80% FMC和90% FMC时，其总生物量较低，除10℃外，90% FMC处理与其他各水分处理差异显著；同一水分条件下，箭筈豌豆幼苗总生物量呈先增加后下降的趋势，在20℃条件下出现较高值，与其他3个温度处理差异显著。

土壤水分对箭筈豌豆幼苗总生物量（干质量）影响不显著，而温度以及温度和水分两者的交互作用则对箭筈豌豆幼苗总生物量（干质量）影响较大，且达到显著水平。

在旱作农业条件下，大气降水是箭筈豌豆生长发育需水的唯一来源。而西北的气候以干旱少雨为特征，箭筈豌豆前期生长需水对其生长发育和建植以及产量有很大影响。同一温度条件下，随着土壤含水量下降，株高和地上生物量逐渐下降，这与陈淑义和李翔宏对紫花苜蓿（*Medicago sativa*）的研究结论一致，表明箭筈豌豆主要通过提高根冠比、扩大根系生物量来对外界环境中的高温和干旱状况作出响应，从而提高对水分的吸收利用。各处理间箭筈豌豆生物量有显著差异，在土壤含水量为70%FMC时，箭筈豌豆生物量达到最高，与Orak和Ates在研究箭筈豌豆苗期生长的抗盐性和与土壤水分的关系时结论一致。随着土壤水分含量增加，箭筈豌豆出苗率呈现先升高后下降的趋势，此结论与Orak和Ates所研究的“箭筈豌豆出苗率不受盐分水平和可利用水分含量水平影响”不一致，而与王进等对披针叶，黄华和赵晓英等对锦鸡儿（*Caragana sinica*）的研究结论一致。

（4）温度对开花、结荚和种子成熟的影响　温度是影响作物生长发育的重要因素，温度不仅影响作物产量，同时影响作物品质。明确温度与作物生育的关系是作物优质高产栽培的基础。

各种植物的生长、发育都要求有一定的温度条件，植物的生长和繁殖要在一定的温度范围内进行。在此温度范围的两端是最低和最高温度。低于最低温度或高于最高温度都会引起植物体死亡。最低温度与最高温度之间有一最适温度，在最适温度范围内植物生长繁殖得最好。

各类植物能忍受的最高温度界限是不一样的。植物能忍受的最低温度，因植物种类的不同而变化很大。

箭筈豌豆性喜凉爽，抗寒性较强，适应性广，对温度要求不高，种子发芽最适温度为 26~28℃；生长所需最低温度为 3~5℃；成熟要求 10~20℃，生长期间可耐 -8~-6℃低温。收草时要求积温 1 000℃。收种时为 1 700~2 000℃。

温度对箭筈豌豆开花、结荚和种子成熟的影响方面的研究，目前还无人报道，根据其他作物研究的结果推测，作物的开花量有其内在规律，一般是由少到多，再由多到少，在这个规律范围内，随着温度的下降，开花量也相应表现出减少的趋势，并使刚进入开花期的开花量由少到多的趋势减慢，后当温度升高时，开花量才迅速增多。在保证水肥的基础上，温度适宜，则花多荚多，高温和低温都可造成落花落荚。温度对种子的成熟度影响很大，过高过低都不能使种子正常成熟，如在西藏的高寒地区，箭筈豌豆就不能正常结籽。

（二）光照的影响

1. 光周期的影响

箭筈豌豆属于长日照植物。在中国北方春播条件下，花芽分化应处在长日照季节。这也是播种日期选择的依据之一。一些对长日照条件钝感的品种，也可在低纬度短日照地区种植。例如在贵州省等地也有种植。

美国学者加奈（W. W. Garner）和阿拉德（H. A. Allard）于 1920 年提出光周期概念，是指昼夜周期中光照期和暗期长短的交替变化。光周期现象是生物对昼夜光暗循环格局的反应。大多数一年生植物的开花决定于每日日照时间的长短。除开花外，块根、块茎的形成，叶的脱落和芽的休眠等也受到光周期（指一天中白昼与黑夜的相对长度）的控制。光周期反应是植物对周期性的、特别是昼夜间的光暗变化及光暗时间长短的生理响应特点。尤指某些植物要求经历一定的光周期才能形成花芽的现象。但其他生理活动也受光周期影响。

箭筈豌豆对光周期钝感，既可在北方地区种植也可在南方地区种植。徐加茂（2012）指出箭筈豌豆北方地区从春季至秋季（不迟于 8 月上旬）均可播种。南方地区一年四季均可播种，用作留种，秋播不迟于 10 月，春播不宜迟于 2 月。

苟久兰等（2012）在贵州省旱地种植留种箭筈豌豆，播种期 9 月下旬至 10 月上旬。王琳等（2005）研究得出，苏箭 3 号可在重庆巴南区樵坪种植，试验 10 月 8 日播种；张少稳等（2011）研究“箭筈豌豆品种资源试验初报”中，箭

筈豌豆在安徽省舒城种植，11 月 3 日播种，试验的 9 个品种中，66-25、7519-1 和 Languedoc 三品种综合性状较好，可在当地种植；陈曦（2004）在“箭筈豌豆 66-25 不同播期试验初报”中表明：箭筈豌豆 66-25，适应性广鲜草产量高，肥效好，具有播期长、易留种、适应性广、易于间套作、鲜草产量高等特点，作为耕地绿肥，是贵州省应用较为普遍的品种；中国农业信息品种指南中指出春箭筈豌豆北方自春至秋均可播种（不迟于 8 月上旬），收种用宜 4 月初播种。南方一年四季可播种，如收种用，一般春播不迟于 2 月；秋播不迟于 10 月。可条播或撒播。

2. 光合生理特性

箭筈豌豆属于 C_3 植物（图 1-4）。

植物的光合作用将无机物转化为有机物，同时固定太阳的光能，是地球上最重要的化学反应（潘瑞炽，2004），是植物碳积累、生长发育和生物量积累的重要源头（Niu et al，2008）。高等植物的 3 种光合碳同化途径分别是 C_3 途径、C_4 途径和景天酸代谢（Crassulacean acid metabolism，CAM）途径，相应的植物因 CO_2 固定的最初产物不同，分别称为 C_3、C_4 和 CAM 植物。大多数植物系 C_3 植物，而 C_4 和 CAM 植物是由 C_3 植物进化而来（Sage，2004）。C_4 途径在被子植物每一科属中各自独立进化（Kellogg，1999），这种多源进化的特点表明光合途径由 C_3 途径向 C_4 途径的转变相对简单（Hibberd et al，2008）。一些 C_3 植物具有某些 C_4 植物的光合特征（Hibberd，2002）；而某些 C_4 植物的特定发育阶段又具有 C_3 植物特征的分化（Pyankov et al，1999）；有些植物的光合途径能够在 C_3 和 C_4 途径之间相互转变（Cheng et al，1998）。这些现象表明，C_3 和 C_4 植物的光合特征具有极大的可塑性（Hibberd et al，2008）。在特定环境条件下，植物的形态结构和生理生化功能会发生相应的改变（李正理，1981），而这种适应性改变往往是光合碳同化途径进化的前提和基础（Sage，2004）。C_3 植物的 C_4 途径就是环境变化引起的光合途径由 C_3 途径向 C_4 途径的转变，是植物对逆

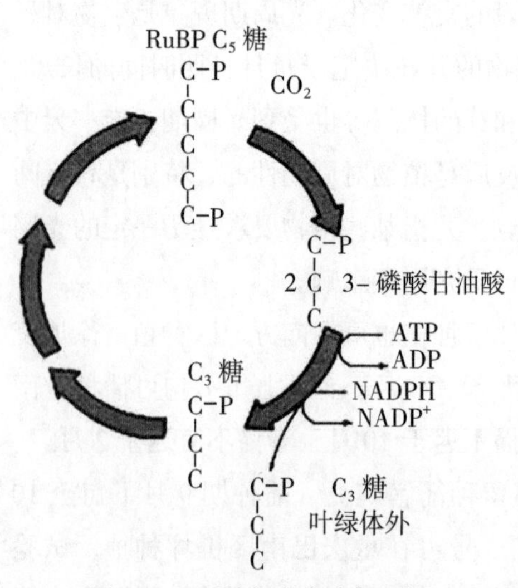

图 1-4　C_3 植物光合途径图解

境的适应性进化的结果，也是植物增强生存能力和竞争能力的需要（云建英等，2006）。

C_3植物光合碳同化过程的最初光合产物为3碳（C）的3-磷酸甘油酸（Phosphoglyceric acid，PGA），其最初固定CO_2是在叶肉细胞中通过核酮糖-1，5-二磷酸羧化酶/加氧酶（Ribulose-1，5-bisphosphate carboxylase/oxygenase，Rubisco）作用实现的。因此，CO_2的固定主要取决于核酮糖-1，5-二磷酸羧化酶（Ribulose-1，5-bisphosphate car-boxylase，RuBPCase）的活性，它催化1分子二磷酸核酮糖（Ribulose bisphosphate，RuBP）与1分子的CO_2结合产生2分子PGA，从而促进Calvin循环的运转，这是光合碳固定的主要限速步骤。

刘玉萍等（2017）为了探讨青藏高原地区野豌豆属植物的光合生理特性及其对环境的适应性，采用常规生理指标测定方法，对生长于该地区的3种野豌豆的光合特性、光合色素含量及叶绿素荧光参数等进行测定，并对其变化规律作了比较研究。结果表明：叶片厚度为三齿萼野豌豆（*Vicia bungei*）>山野豌豆（*V. amoena*）>救荒野豌豆（*V. sativa*）；在一定光强范围内，随光量子通量密度（PFD）的增加，净光合速率Pn、表观量子效率AQY、暗呼吸速率Rd和光补偿点Ic增加；总叶绿素（Chlt）、类胡萝卜素（Car）和叶黄素/叶绿素（A505/A652）含量在救荒野豌豆、山野豌豆和三齿萼野豌豆中大多呈上升趋势，而叶绿素a/b含量呈下降趋势；光系统Ⅱ实际光化学速率（Φ_{PSII}）和光化学猝灭系数（qp）随PFD增加而降低，而非光化学猝灭系数（NPQ）和电子传递速率（ETR）则随PFD增加而增加。因此，青藏高原地区3种野豌豆属植物光合生理指标存在差异。

（三）水分的影响

在植物细胞中，水通常以两种状态存在。靠近原生质胶体颗粒而被胶粒紧密吸附的水分子称束缚水；远离原生质胶粒，吸附不仅能自由流动的水分子称自由水。束缚水决定植物的抗性能力，束缚水越多，原生质黏性越大，植物代谢活动越弱，低微的代谢活动使植物渡过不良的外界条件，束缚水含量高，植物的抗寒抗旱能力较强。自由水决定着植物的光合、呼吸和生长等代谢活动，自由水含量越高，原生质黏性越小，新陈代谢越旺盛。

1. 箭筈豌豆的需水量和需水节律

箭筈豌豆植株需水量（water requirement in plant）是指箭筈豌豆全生育期内总吸水量与净余总干物重（扣除呼吸作用的消耗等）的比率。由于箭筈豌豆所吸

收的水分绝大部分用于蒸腾，所以需水量也可认为是总蒸腾量与总干物重的比率。各种作物的水分利用效率不同。一般 C_4 植物的需水量低于 C_3 植物。同一种作物的需水量，与地理起源、形态、结构、生理、生化特性以及由此所决定的光合效率不同有关。C_4 植物由于有较高的光合固碳效率，因而增大了气孔对水分的阻力，一般气孔频率低于 C_3 植物，因而增大了气孔对水分的阻力，减少了蒸腾失水，提高了水分利用效率。同一种作物的需水量，还常因其他条件变化而异，如在土壤缺乏氮、磷、钾等无机营养时，水分利用效率降低，需水量增加。参与水分代谢的水分称生理需水。蒸腾系数是耗水量的倒数，由于土面或棵间蒸发以及因径流与渗漏等而需要消耗的一定量水分，系数愈大则水分利用效率愈低，则并不被吸入植物体内参与水分代谢。只具有调节生态环境中水平衡的作用，因而可称为生态需水。

2. 需水临界期

作物的需水临界期，又称作物水分临界期，是指农作物在其生长发育的不同时期对水分的敏感程度不一样，其中对水分最敏感的时期，即由于水分的缺乏或过多对产量影响最大的时期。在需水临界期内细胞原生质的黏度和弹性剧烈降低，新陈代谢增强，生长速度变快，需水量增加，作物忍受和抵抗干旱的能力大大减弱。如果这时缺水，新陈代谢不能顺利进行，生长受到抑制，作物会受害显著减产。各种作物的需水临界期虽不同，但基本上都处于从营养生长至生殖生长的这段时期，这一时期越长，需水临界期也越长。根据各种作物需水临界期不同的特点，可以合理选择作物种类和种植比例，使用水不致过分集中。作物需水临界期也是灌溉工程规划设计和制定合理用水计划的重要依据。临界期的概念由苏联伯罗乌诺夫于 1912 年提出。作物需水临界期，即作物全生育期中因需水得不到满足，最易影响生长发育并导致减产最大的时期。

需水临界期是一个相对的概念，它只是说明作物在这个时期比其他时期更为需要水，对水分的反应更为敏感，而不是说在其他时期就可以缺水或多水，且需水临界期不一定是作物需水量最多的时期，而仅是水分对产量影响最大的时期。其他时期的水分需求也是不能忽视的，要弄清作物不同时期的需水规律，就应该搞清楚当地降水与土壤水分的季节变化，并与同期的苗情进行对此分析，从而确定相应的保墒、灌溉和栽培技术。

箭筈豌豆需水临界期，是从营养生长至生殖生长的时期即分枝期—开花期。而任永霞等（2016）以毛叶苕子（*Vicia villosa* Roth.）、箭筈豌豆（*V. sativa* L.）、光叶苕子（*V. villosa* var. *glabrescens*）三种牧草种子为材料，研究种子的生物学特性，并用不同浓度聚乙二醇（PEG-6000）溶液模拟干旱，研究三种牧草种子在干旱胁迫条件下的萌发及幼苗生长特性，用隶属函数法综合评价三种牧草种子萌发期的抗旱性强弱得出：种子含水量在三种牧草种子间差异明显，含水量最大的为光叶苕子，最小的是箭筈豌豆，这两者间差异显著。吸水率最大的是箭筈豌豆，其次是光叶苕子，最后是毛叶苕子，三者差异不显著。电导率值最大的是毛叶苕子，最小的是光叶苕子，三种牧草种子间差异不显著。

发芽势是鉴别种子发芽整齐度的主要指标之一。发芽势高的种子，种子生命力强。箭筈豌豆种子发芽整齐度最好，其次是光叶苕子，再次是毛叶苕子。除毛叶苕子 5% PEG 处理外，三种牧草种子相对发芽势基本随着 PEG 浓度的升高而逐渐下降，其中毛叶苕子下降急剧，20% PEG 处理时三种牧草种子相对发芽势均为 0。毛叶苕子 5%PEG 处理时种子发芽势高于对照，5% PEG、10% PEG 处理与对照差异不显著，15% PEG、20% PEG 处理与对照差异显著，但这两者间差异不显著。箭筈豌豆与光叶苕子 5% PEG、10% PEG 处理与对照差异不显著，15% PEG、20% PEG 处理与对照差异显著。箭筈豌豆 15% PEG 和 20% PEG 处理间差异显著，光叶苕子 15% PEG 和 20% PEG 处理间差异不显著。发芽率高，播种后出苗数就多。毛叶苕子除了 20% PEG 处理外，其他处理与对照差异不显著，且 5% PEG 处理时发芽率高于对照。箭筈豌豆发芽率相对稳定，且除 15% PEG、20% PEG 处理外，其余处理与对照差异不显著。光叶苕子 5% PEG、10% PEG 处理与对照差异不显著，15% PEG、20% PEG 处理与对照差异显著，但这两者之间差异不显著。

发芽指数反映种子萌发的速度和整齐程度。随着 PEG 浓度的升高，除毛叶苕子 5% PEG 处理种子相对发芽指数高于对照外，三种牧草种子相对发芽指数整体上随着 PEG 浓度的升高而呈下降趋势。毛叶苕子 5% PEG、10% PEG、15% PEG 处理与对照差异不显著，20% PEG 处理与对照差异显著。箭筈豌豆 5% PEG、10% PEG 处理与对照差异不显著，15% PEG、20% PEG 处理与对照差异显著，且这两者间差异显著；光叶苕子 5% PEG 与对照差异不显著，10% PEG、15% PEG 和 20% PEG 处理与对照差异显著，10% PEG 与 15% PEG、20% PEG 处理差异显著。

在干旱胁迫下，种子活力指数越大，则表示其抗旱性越强。不同浓度 PEG 对箭筈豌豆、光叶苕子种子相对活力指数的影响达到显著水平，对毛叶苕子的影

响未达到显著水平。随着PEG浓度的升高，毛叶苕子种子相对活力指数呈先升高后下降趋势，5% PEG处理高于对照，再次说明，低浓度PEG对毛叶苕子种子萌发具有一定的促进作用；箭筈豌豆、光叶苕子种子相对活力指数随着PEG浓度的增加而降低，光叶苕子15% PEG处理时种子相对活力指数趋于0，毛叶苕子、箭筈豌豆20% PEG处理时种子相对活力指数为0。随着干旱胁迫的加剧，抗旱指数越大，牧草抗旱性越强。不同PEG浓度对三种牧草种子抗旱指数的影响均达到显著水平。毛叶苕子种子抗旱指数呈现先上升后下降的趋势，5% PEG处理高于对照。箭筈豌豆、光叶苕子种子的抗旱指数随着PEG浓度的增大而降低。

总体上，箭筈豌豆种子的抗旱指数下降的趋势较小，20% PEG处理时三种牧草中箭筈豌豆种子抗旱指数最高，为0.13，而毛叶苕子、光叶苕子种子的抗旱指数为0或趋于0。用隶属函数法对三种牧草种子相对发芽势、相对发芽率、相对发芽指数、相对活力指数和抗旱指数等综合评价的结果。毛叶苕子、光叶苕子、箭筈豌豆的隶属函数总平均值从低到高分别为0.2455、0.4665、0.6501。根据结果综合比较表明，毛叶苕子的抗旱性最差，其次是光叶苕子，抗旱性最强的是箭筈豌豆。

韩梅、张宏亮（2014）以中箭002、中箭005、中箭010、中箭018、中箭022、中箭028、中箭029、中箭031、中箭036、中箭041为材料，配置PEG-600干旱胁迫溶液，设5个处理，质量分数分别为0（蒸馏水作对照）、5%、10%、15%和20 %，对应的渗透势分别为0、-0.054 Mpa、-0.177 Mpa、-0.393 Mpa、-0.735 Mpa。从以上10份绿肥种质资源箭筈豌豆中，每精选成熟饱满且大小均匀的种子30粒，用75%的酒精溶液消毒5min，清水洗净后置于培养皿中，以双层滤纸为发芽床，加入PEG溶液10mL，对照（CK）加等量蒸馏水，3次重复。恒温培养箱（23℃ ± 2℃）下培养8d，每天定时记录种子萌发数。培养结束后，从每个培养皿中随机选取5棵具有代表性的幼苗，测量其胚芽、胚根的长度及幼苗鲜重，计算相对发芽率、胚根/胚芽值、抗旱指数和活力指数等指标。10份箭筈豌豆种子在PEG-600溶液20 %质量分数的处理下，培养结束时箭筈豌豆种子均未见萌发。箭筈豌豆种子相对发芽率随PEG浓度增加而减少，只有少数箭筈豌豆种子随PEG浓度的增加而增加，如中箭002和中箭018，这说明低浓度的胁迫对部分箭筈豌豆的种子萌发有一定的促进作用。

干旱胁迫一般会对箭筈豌豆种子萌发过程中的胚根/胚芽比值产生影响。随着 PEG 胁迫的加剧，各箭筈豌豆的胚根 / 胚芽比值均呈逐渐上升趋势。当 PEG 浓度为 15% 时，所有正常萌发的箭筈豌豆胚根 / 胚芽比值与对照相比，均显著增加。箭筈豌豆发芽率随 PEG 浓度的增加而减少，PEG 浓度在 5%~10% 时 10 种箭筈豌豆都随 PEG 浓度增加而减少，只有中箭 002 不明显。PEG 浓度在 15% 时 10 种箭筈豌豆的抗旱指数明显下降。

种子活力与种子发芽速率、整齐度、抗逆性和幼苗健壮生长等密切相关。10 份箭筈豌豆的活力指数都随着 PEG 浓度的升高而降低。PEG 浓度在 5% 时，与对照 CK 相比，各种质活力指数均有所下降，活力指数下降幅度在 1.66（中箭 002）~8.73（中箭 005）。中箭 005 活力指数最高，为 41.00，中箭 022 活力指数最低，为 18.63；PEG 浓度在 10% 时，与对照 CK 相比，各种质活力指数均有所下降，活力指数下降幅度在 5.37（中箭 028）~11.85（中箭 005）。中箭 005 活力指数最高，为 37.88，中箭 022 活力指数最低，为 14.13；PEG 浓度在 15% 时，与对照 CK 相比，各种质活力指数均有所下降，活力指数下降幅度在 13.0（中箭 029）~36.29（中箭 005）。中箭 010 活力指数最高，为 17.57，中箭 022 活力指数最低，为 7.47。

种子萌发期的抗旱性是多因素互作的复杂综合性状，用单一指标进行抗旱性能评价难以全面反映植物的真实抗旱能力，因此采用模糊数学隶属函数法，对供试 10 份箭筈豌豆的相对发芽率、胚根胚芽比值、抗旱指数、活力指数进行隶属函数值计算，得出不同箭筈豌豆抗旱隶属函数总平均值。结果表明，中箭 028 抗旱性最强，其总平均值为 0.73；其次是中箭 022，其总平均值为 0.63；再次是中箭 002，其总平均值为 0.55。所有箭筈豌豆中中箭 036 抗旱性最低，其总平均值仅为 0.41。利用 PEG-600 模拟干旱胁迫来鉴定不同植物的抗旱性是一种比较可靠的方法。以不同渗透势的 PEG-600 溶液模拟不同强度的干旱胁迫条件，对 10 份不同来源的箭筈豌豆材料的萌发特性和抗旱能力进行了研究。从结果可以看出低浓度的 PEG 胁迫对部分箭筈豌豆种质的种子萌发有一定的促进作用，如中箭 002 和中箭 018 种质的发芽率、抗旱指数、活力指数等指标，在低干旱胁迫下与对照相比均有所增加，这可能是由于低浓度的处理对种子萌发起到了引发作用。随着 PEG 胁迫的逐渐加剧，箭筈豌豆种子萌发也将受到抑制，这说明 PEG 浓度的升高使得它对种子的作用已由引发转为抑制，但临界浓度的具体数值还有待进一步研究，而且不同作物、不同品种其临界浓席也不相同。在受到低浓度 PEG-600 溶液的胁迫时，箭筈豌豆种子的胚根长度增加，这是因为在干旱胁迫

下植物吸收的营养物质优先供给地下器官胚根生长以利于幼苗的成活，同时胚根伸长，也利于从环境中吸收更多的水分，是绿肥适应缺水环境的一种表现。

植物的抗旱性是受多种因素影响的复杂数量性状，单一指标难以全面客观反映植物的抗旱性强弱。种子萌发期的抗旱性是多因素互作的复杂综合性状，用单一指标进行抗旱性能评价难以全面反映植物的真实抗旱能力，因此采用模糊数学隶属函数法对 10 份不同来源的箭筈豌豆萌发期的抗旱性进行综合评价，具体的抗旱性强弱顺序为：中箭 028> 中箭 022> 中箭 002> 中箭 010> 中箭 005> 中箭 018> 中箭 041> 中箭 029> 中箭 031> 中箭 036。

由以上结果可以看出，低浓度的 PEG 胁迫对部分箭筈豌豆种质的种子萌发有一定的促进作用，在低干旱胁迫下与对照相比均有所增加，这可能是由于低浓度的处理对种子萌发起到了引发作用。随着 PEG 胁迫的逐渐加剧，箭筈豌豆种子萌发也将受到抑制，这说明 PEG 浓度的升高使得它对种子的作用已由引发转为抑制。这与任永霞研究的结论相一致。Blum 和 Lehrer 认为，初花期天数对牧草和种子产量有重要的影响。王彦荣等（2005）的研究证实，初花期对箭筈豌豆小区产量的形成具有重要作用，是除单荚粒数和千粒重之外影响箭筈豌豆小区产量的重要因素。综上所述箭筈豌豆抗旱性较强，需水的临界期在分枝期—开花期，开花期的长短直接影响着产量的高低。

（四）诱变因子对种子萌发的影响

植物诱变技术利用外界因素加快物种遗传变异，在短期内获得有利用价值的突变体，为培育新种质、新品种及基因功能的研究等创造条件。20 世纪以来，人们逐渐掌握了创造突变体的各种手段，例如利用化学因素（如烷化剂、叠氮化物和抗生素类等化学诱变剂）、物理因素（如 X 射线、γ 射线、紫外线、激光处理和离子束等）诱发植物产生遗传变异。Maluszynski 报道有 50 多个国家利用诱变技术在 154 种植物上育成了 1737 个品种，其中，农作物占 1275 个。以上诱变技术已被广泛应用于中国小麦（*Triticum aestivum*）、水稻（*Oryza sativa*）、大豆（*Glycine max*）、高粱（*Sorghum bicolor*）和玉米（*Zea mays*）等农作物的遗传研究和诱变育种中。

霍雅馨等（2014）以兰州大学选育的高山豆科牧草品种兰箭 3 号春箭筈豌豆为材料，研究物理诱变剂 ^{60}Co–γ 射线、化学诱变剂秋水仙素和 EMS 对其种子萌发及幼苗生长的影响。

1. ^{60}Co-r 射线处理对箭筈豌豆种子萌发和幼苗生长的影响

（1）对箭筈豌豆种子萌发的影响　不同辐射剂量的 ^{60}Co-r 射线对箭筈豌豆萌发率产生不同程度的影响。经 200Gy、600Gy、800Gy、1 000Gy 和 1 200 Gy 辐射处理的箭筈豌豆种子，萌发 11d 时，萌发率显著高于其他处理，但与未做辐射处理（对照，下同）的无显著差异，均达到 99.5%。经 50Gy、100Gy 和 400Gy 辐射处理的箭筈豌豆种子萌发率低于对照，分别为 89.5%、93.5% 和 89.0%。其中，高辐射剂量 1 200 Gy 处理的种子萌发出现延缓，初始萌发延滞了 1~2d。

不同剂量的 ^{60}Co-γ 射线对箭筈豌豆种子辐射 7d 后，600 和 800 Gy 辐射剂量的萌发指数均高于对照，但差异不显著，表明其对箭筈豌豆前期萌发有一定程度的促进作用。其他辐射剂量处理后的种子萌发指数均显著低于对照，其中 1200 Gy 辐射剂量的萌发指数最低，表明高剂量的 ^{60}Co-r 射线辐射对箭筈豌豆前期萌发具有一定抑制作用。

（2）对箭筈豌豆幼苗生长的影响　除 50 Gy 辐射剂量外，萌发 7d 后的幼苗胚芽长均低于对照。50、100 Gy 辐射剂量下幼苗胚芽长与对照差异不显著（$P>0.05$），200~12 000 Gy 各剂量间差异不显著，但与对照差异显著（$P<0.05$）。50~1 200Gy 剂量范围内，幼苗胚根长与对照差异显著，且均低于对照，200 Gy 以上剂量的幼苗胚根长随辐射剂量增大无显著差异。1 200Gy 辐射剂量下，胚根长（1.189cm）和胚芽长（1 .025cm）最小，显著低于对照的胚根长（4.088cm）和胚芽长（2.606cm），说明高剂量辐射显著抑制了幼苗生长。

低剂量的 ^{60}Co-γ 射线（50Gy）对芽长起到了促进作用。200、600、800、1000 和 1200Gy 萌发率高于其他剂量，其中 600、800 Gy ^{60}Co-γ 射线的辐射萌发指数高于未经辐射的，促进了箭筈豌豆种子前期的萌发，出现该现象的主要原因可能是经过辐射后，引起种子内部生物自由基或有关酶活性的变化，从而提高了种子的新陈代谢水平，促进了种子的萌发。而高剂量的 ^{60}Co-γ 射线（1200Gy）萌发指数、胚根长和胚芽长均降至最低，说明高剂量辐射对种子萌发、幼苗生长具有较强抑制作用。综上所述，600Gy 为最佳辐射剂量。

^{60}Co-γ 射线已被广泛用于植物育种上，马鹤林和康玉凡（1995）证实箭筈豌豆适宜辐射剂量 VID50 值为 24.1KR，表明箭筈豌豆对辐射极为敏感。王月华等（2006）曾提到低剂量 ^{60}Co-γ 射线辐射处理对草地早熟禾（*Poa pratensis*）种子的萌发具有促进作用。适宜的辐射剂量处理种子可通过提高种子萌发过程中三磷酸腺苷（ATP）的水平来调节贮存 mRNA 的释放，从而使种子内的各种代谢

水平提高，促进了种子的萌发。

2. 秋水仙素处理对箭筈豌豆种子萌发和幼苗生长的影响

（1）对箭筈豌豆种子萌发的影响　秋水仙素处理过的兰箭3号春箭筈豌豆种子，萌发率明显低于未做处理（对照）的，说明秋水仙素对种子萌发有较明显的抑制作用。其中0.05%秋水仙素浸种处理48h的种子最终萌发率最低为24%；0.30%秋水仙素处理48h与0.20%秋水仙素处理24h的种子，最终萌发率在8个处理中最高，达45%。

秋水仙素处理种子7d后，各处理浓度下箭筈豌豆萌发指数均显著低于对照。秋水仙素处理中，0.30%浸种处理48h的种子，萌发指数显著高于其他处理；0.05%浓度处理48h的种子，萌发指数最低，为0.337。

（2）对箭筈豌豆种子幼苗生长的影响　秋水仙素处理种子7d后，对幼苗生长产生了明显的抑制作用。各处理的幼苗胚根长均显著低于对照。处理时间为24h的0.05%、0.10%两个浓度的种子幼苗胚芽长与对照差异不显著，其他处理的种子幼苗胚芽长与对照之间差异显著。在同一处理时间内，种子胚根长、胚芽长随秋水仙素浓度的增加而减小，说明秋水仙素对箭筈豌豆幼苗生长的抑制作用随其浓度增加而增强。秋水仙素不同剂量处理24h的种子胚根长、胚芽长均大于相应剂量处理48h的，说明48h秋水仙素处理对幼苗生长的抑制作用大于24h处理。

秋水仙素处理明显抑制了箭筈豌豆种子萌发、胚根和胚芽生长，且对胚根、胚芽生长的抑制作用随秋水仙素浓度的增加而增强，随处理时间的延长而明显增强。经0.30%浓度秋水仙素处理48h，种子萌发率和萌发指数最高，但强烈抑制了胚根和胚芽生长。0.20%浓度秋水仙素处理24h的种子萌发率、萌发指数仅次之，且对幼苗生长抑制作用较小。综合考虑，0.20%浓度秋水仙素处理24h效果最佳。

3. 甲基磺酸乙酯（EMS）处理对箭筈豌豆种子萌发和幼苗生长的影响

（1）对箭筈豌豆种子萌发的影响　经EMS处理5d后的兰箭3号春箭筈豌豆，未做EMS处理的种子萌发率显著高于其他处理，且24h各处理萌发率均高于48h各处理，表明EMS对种子萌发的抑制作用随EMS处理时间的延长而增强。其中1 mL/L EMS处理24h的种子，萌发率最高为89.5%。经EMS处理后，种子萌发均出现了2~3d的滞后。

EMS处理种子7d后，对照组萌发指数显著大于EMS各处理，且24h各处理的萌发指数显著大于48h各处理，表明EMS对种子前期萌发产生了明显的抑制作用，且抑制作用随 EMS 处理时间的延长而增强。

（2）对箭筈豌豆幼苗生长的影响　EMS 处理过的幼苗胚根长与胚芽长呈明显增长趋势，表明 EMS 对种子幼苗生长有促进作用。各处理的种子胚根长、胚芽长均与对照差异显著，且不同浓度 EMS 浸种 24h 后各处理的胚芽长均显著大于浸种 48h 的胚芽长。在 24h 各处理中，除 3mL/L 浓度外，其他 3 个处理种子胚根长均显著大于 48h 相应剂量 EMS 处理，表明 EMS 对箭筈豌豆幼苗生长的促进作用随 EMS 处理时间的延长而降低。其中 1.0mL/L 处理 24h 对种子胚根、胚芽的促进作用最大，胚根长为 32.60cm，约是对照（4.09cm）的 8 倍，胚芽长为 38.57cm，约是对照（2.61cm）的 15 倍。

试验表明，EMS 处理对箭筈豌豆种子萌发率的影响较为分散，短时间（24h）处理的影响明显小于长时间（48h）处理，其对箭筈豌豆幼苗生长有极为明显的促进作用。采用 0.5mL/L EMS 处理箭筈豌豆种子 48h 最终萌发率为 46%，达到半致死剂量，可推荐为 EMS 诱变的最佳剂量。

EMS 作为最常用且高效的化学诱变剂之一，被广泛用于突变体库创建和诱变育种。自 1953 年，遗传学家首次报告了 EMS 对突变诱导的有效性。

（五）基因型与环境互作效应

南志标等（2004）以 4 个春箭筈豌豆品系 2505、2556、2560 和 2566，一个当地狭叶野豌豆（Vicia angustifolia）商品种 333/A 作为对照，333/A 由中国农业科学院兰州畜牧与兽药研究所提供，进行了基因型与环境互作效应下各农艺性状的评价。

1. 基因型、环境（地点）和年份以及互作效应

三因素方差分析得到的显著性水平表明，各农艺性状在基因型、环境（地点）和年份以及二因素或三因素互作下显示出不同的效应。

各农艺性状在 2001 年与 2002 年均显示出显著或极显著效应。环境（区试点）效应对所测性状均有极显著影响（$P < 0.01$ 和 $P < 0.001$）。就各基因型的农艺性状而言，株高、单株根干重和单荚粒数在不同基因型间无显著差异（$P > 0.05$）；种子产量差异显著（$P < 0.05$）；其余各性状达到极显著水平（$P < 0.01$ 和 $P < 0.001$）。环境（地点）× 年份互作对除单株根干重以外的所有测试性状均有极显著影响（$P<0.01$ 和 $P<0.001$）。环境（地点）× 基因型互作对单荚粒数、千粒重、全生育天数、株高、根干重和初花天数均有显著（$P<0.05$）或极显著效应（$P <0 .001$）；其余性状在环境（地点）× 基因型互作下不存在显著效应。

基因型 × 年份互作下干重、全生育天数和初花天数达到了显著效应外（$P<0.01$ 和 $P<0.001$）；其余不存在互作效应下的显著水平。基因型 × 年份 × 环境（地点）三因素互作效应下，种子产量、千粒重、初花天数和全生育天数达到了极显著水平（$P<0.01$ 和 $P<0.001$）；单荚粒数达到了（$P<0.05$）的显著效应；其余性状在三因素互作下不存在显著效应。

2. 年份、环境（区试点）和基因型三因素下的农艺性状可塑性

年份：所测各农艺性状除每荚粒数外，在 2 年间均表现出显著差异，2002 年所获指标均显著高于 2001 年。

（1）环境（区试点） 各农艺性状在 4 个区试点均表现出极显著差异（$P<0.01$），其中牧草与种子产量均为天祝与肃南最高，而千粒重则以夏河为最，全生育天数和初花天数均为肃南最长。

（2）基因型 参试的 5 个品系（种），以 2505 最为早熟，生育期最短，较对照品种 333/A 要少近 10d 之多，牧草与种子产量则均以 2556 最高，育成 4 个品系的千粒重均高于对照品种，其余各农艺性状，在不同品系（种）间亦有差异。

（3）因素及其互作效应对各农艺性状的贡献 从整体上看，生态环境分量，包括环境（区试点）分量、年份 × 环境（区试点）分量、年份分量对各农艺性状的可塑性较大，基因型 × 环境（区试点）× 年份分量、基因型分量对各农艺性状的可塑性较小。其中，环境（区试点）对各农艺性状的可塑性贡献最大，受其影响较大的农艺性状包括牧草产量、种子产量、单株荚数、株高、初花天数等各项重要性状，其次为年份 × 环境（区试点）互作，其对种子产量、单株荚数、根重及牧草产量贡献仅次于环境因素的作用。年份 × 环境（区试点）× 基因型互作，基因型、基因型 × 环境（区试点）互作、基因型 × 年份互作效应对各农艺性状的可塑性，亦有不同程度的贡献，其中基因型对单荚粒数的可塑性贡献作用最大。

各性状的剩余方差占表现型方差的比率较小，可见上述性状除了受年份间的气候环境因素的影响外，还受其他环境因素的影响。

3. 牧草干重和种子产量与气候因子的关系

分别对生育期内月均温和降水量进行相关分析发现，两个气候因子对各基因型均有较大影响，其中最重要的影响为 8 月的月均温，其与种子产量呈显著正相关，其与品系 2505、2556、2560 和 2566 的决定系数（R^2）分别为 0.9 642、0.5 946、0.6 760 和 0.7 941，并可分别用 Y_{2505}=272.01X–2 602.6、

$Y_{2556}=319.01X-3\ 236.3$、$Y_{2560}=322.52X-3\ 136.9$ 和 $Y_{2566}=358.49X-378.8$ 予以表示，式中 Y 为种子产量，X 为 8 月月均温。除 6—7 月的降水量与牧草干重性状和 7 月的降水量与种子产量性状存在正相关（个别基因型存在一定程度的负相关性）外，其他各月的降水量都与其存在负相关关系，其中 4 月和 9 月的降水量与其存在较高的负相关性。

4. 基因型与环境互作效应的相互影响

基因型与环境互作效应的统计方法研究是植物育种学和作物栽培学中备受关注的领域，并取得了显著进展，各种分析方法应运而生。混合线性模型和 MINQUE（1）法分析基因型与环境互作效应对重要农艺性状评价，已经在数种牧草或作物上取得成功。南志标等（2004）首次将这两种方法，用于研究基因型与环境互作效应下春箭筈豌豆重要农艺性状的稳定性，初步取得了较好的结果。发现生态环境分量（年份、区试点、年份 × 区试点）对各农艺性状的可塑性贡献较大，不同生态环境间各农艺性状间差异均达到了显著水平。其中区试点分量对各农艺性状的可塑性贡献最大，各农艺性状在四个区试点之间差异显著。国外以其他作物为材料的研究，亦取得了类似结果。对牧草干重和种子产量数量性状与气候因子的相关分析，为此提供了进一步的支持，在高山草原区温度，尤其是 8 月的温度，是影响春箭筈豌豆的最重要的因子，因为此时正值种子成熟期，迫切需要较高的温度进行光合作用，完成有机物质的积累。7 月的降水量与牧草干重和种子产量存在一定程度的正相关性。4 月和 9 月的降水量与其存在较高的负相关性，4 月和 9 月较高的降水量不利于牧草干重和种子产量的提高，主要是因为 4 月较多的降水量不利于地温的尽快回升，从而延迟出苗时间，而 9 月较高的降水量不利于种子的成熟。

各区试点种子产量的差异与千粒重显著相关，他人的研究也有类似发现。可见，在箭筈豌豆产量构成因素中，提高千粒重可以弥补单荚粒数和单株荚数带来的不足，在生育期较短的高寒牧区培育千粒重高的品种是提高种子产量的一个途径。从播种到初花的天数是反映箭筈豌豆品系（品种）在当地生态环境条件下，对光照长短适应的体现，开花期的早晚与成熟期有正相关性，开花期可以作为鉴定早熟性的指标。在不同年份间、不同基因型间和不同环境（区试点）箭筈豌豆对光照反应差异很大，初花天数是反映这种差异的关键指标。箭筈豌豆各生长发育阶段的长短不但影响成熟期的早晚，对单荚粒数和千粒重的影响更为明显，晚开花促使品种晚熟，增加单荚粒数，但限制千粒重的提高，即开花晚则千

粒重低。因此，箭筈豌豆单荚粒数的多少与千粒重的高低除受栽培环境条件影响外，开花阶段的长短是影响单荚粒数和千粒重的重要因素，箭筈豌豆的丰产性不但受制于产量构成因素中的单荚粒数和千粒重，而且还受生长发育阶段长短的影响。Blum（1973）等认为，初花天数对牧草和种子产量有重要的影响，南志标也证实，初花期对箭筈豌豆产量的形成具有重要作用，是除单荚粒数和千粒重之外影响箭筈豌豆小区产量的重要因素，即开花晚的材料有利于产量的增加，为相对晚熟区试点（如肃南）产量较高提供了理论依据。

如前所述，在高山草原区，温度是植物生长发育最主要的因素，2002 年各农艺性状的平均值显著优于 2001 年，主要是因为 2002 年 8—10 月的降水量少于 2001 年，且气温相对较高，全生育天数和初花天数较长，从而有利于种子的成熟。

基因、年份、环境（地点）3 因素互作效应下，种子产量、千粒重、初花天数和全生育天数达到了极显著水平（$p<0.01$ 和 $p<0.001$）；单荚粒数达到了（$p<0.05$）的显著效应。Moneim（1973，1988）等研究了野豌豆基因型与环境互作效应以及产量的稳定性，认为互作可以证实某些基因型在不同的环境条件下草产量和种子产量表现具有差异性，通过基因型与环境互作效应研究可以成功评价稳定的基因型。刘洪杰（1989）等在研究影响箭筈豌豆种子产量的主要遗传参数时发现，结荚苔数、结荚数、每荚粒数和单株粒重等与产量有关性状的表现受环境影响较大，遗传力较低，从而增加了选择上的困难。由此可见，在进行箭筈豌豆种子产量、千粒重、初花天数、全生育天数和单荚粒数等目标性状的选育时，必须注重基因型与生态环境条件的互作，在不同的区试点进行多年试验，进行综合评价，培育出目标性状优良的具有广泛适应性的箭筈豌豆品种。

5 种基因型在进行了 2 年 4 个区试点的品比后，品系 2556 和 2560 在 4 个区试点两年间都表现稳定，种子产量较大，而且品系 2556 牧草干重最大，与其他基因型之间存在差异显著性。可初步认为，两品系可作为甘肃高山草原 1 年生豆科牧草中具有丰产特性和优良推广价值的待育品种。

本章参考文献

包兴国，曹卫东，杨文玉，等 . 2011. 甘肃省绿肥生产历史回顾及发展对策［J］. 甘肃农业科技（12）: 41–44.

陈 曦 . 2004. 箭舌豌豆 66–25 不同播期试验初报［J］. 耕作与栽培（1）: 50.

陈功，李锦华，周青平 . 1999. 高寒牧区春箭筈豌豆生产性能的研究［J］. 青海草业，8（3）: 10–12.

陈军，高清祥 . 1993. 两个箭筈豌豆品种核型的比较研究［J］. 兰州大学学报（自然科学版），29（2）: 113–116.

陈廷俊，朱来训，黄洪才 . 1981. 春播箭筈豌豆夏掩作棉花追肥［J］. 农业科技通讯（1）: 25.

陈宇 . 1981. 肥草兼用绿肥 ——箭筈豌豆［J］. 辽宁农业科学（3）: 44–45.

丁芝兰，夏志明 . 1986. 棉田绿肥 6625 箭舌豌豆研究［J］. 中国棉花（5）: 36–37.

董德珂，董瑞，刘志鹏，等 . 2015. 532 份箭筈豌豆种质资源复叶表型多样性［J］. 草业科学，32（6）: 935–941.

董德珂，董瑞，王产荣，等 . 2016. 兰箭 3 号箭筈豌豆荚果发育动态及腹缝线结构研究［J］. 西北植物学报，36（7）: 1 376–1 382.

董德珂，韩云华，李东华，等 . 2017. 抗裂荚箭筈豌豆荚果发育动态及其腹缝线结构［J］. 草业科学，34（11）: 2 289–2 294.

董瑞，董德珂，邵坤仲，等 . 2016. 不同裂荚特性箭筈豌豆裂荚力数字化评价［J］. 草业学报，33（12）: 2 511–2 517.

高晖，吴学明，刘玉萍，等 . 2006. 青海省东部农业区救荒野豌豆资源储量及开发利用前景研究［J］. 安徽农业科学，34（5）: 470–471.

顾静珊 . 1986. 桑园冬作绿肥箭舌豌豆的比较试验［J］. 江苏蚕业（4）: 7–9.

管超，张吉宇，王彦荣，等 . 2012. 野豌豆属 4 个品种（系）的染色体核型［J］. 草业科学，29（10）: 1 540–1 545.

韩梅，张宏亮，曹卫东 . 2014. 绿肥作物箭筈豌豆萌发期抗旱性研究［J］. 青海农林科技（2）: 1–11.

洪汝兴，李荣 . 1985. 肥、饲、粮兼用作物——箭筈豌豆［J］. 作物品种资源（3）：14-15，3.

胡小文，王娟，王彦荣 . 2012. 野豌豆属 4 种植物种子萌发的积温模型分析［J］. 植物生态学报，36（8）：841-848.

霍雅馨，王娜，张吉宇，等 . 2014. 3 种诱变因子对箭筈豌豆种子萌发的影响［J］. 草业科学，31（3）：438-445.

江苏省农业科学院土肥所绿肥研究室 . 1982. 6625 箭筈豌豆的生长特性及应用［J］. 江苏农业科学（2）：25-27，24.

江苏省农林厅土肥处，江苏省农业科学院土肥所 . 1983. 大荚箭筈豌豆的特性与利用研究［J］. 土壤肥料（1）：32-33.

李锦华，张小甫，田福平，等 . 2011. 西藏达孜箭筈豌豆西牧 324 播种期试验［J］. 中国草食动物，31（5）：40-42.

刘洪杰，朱学谦，李幸男 . 1989. 箭筈豌豆品种遗传规律的研究影响种子产量的主要遗传参数［J］. 草业科学，6（5）：16-21.

刘杰淋，唐凤兰，张月学，等 . 2011. 20 个俄罗斯箭舌豌豆引种评价试验［J］. 黑龙江农业科学（5）：92-94.

刘鹏，王彦荣，刘志鹏 . 2015. 野豌豆属 43 份牧草种质的染色体形态观察与分析［J］. 草业学报，32（6）：908-926.

刘生战，舒秋萍，李全福，等 . 2002. 甘肃省箭筈豌豆优良品种的筛选与利用［J］. 中国草食动物，22（2）：32-34.

刘勇，王彦荣 . 2014. 温度和水分对箭筈豌豆幼苗生长的影响［J］. 草业科学，31（7）：1 302-1 309.

刘玉萍，周勇辉，吕婷，等 . 2017. 青藏高原 3 种野豌豆光合生理特性比较［J］. 草地学报，25（1）：122-129.

卢秉林，包兴国，张久东，等 . 2015. 甘肃箭筈豌豆种质资源评价［J］. 草业学报，32（8）：1 296.

吕福海，包兴国，刘生战，等 . 1994. 箭筈豌豆［J］. 甘肃农业科技（3）：24-26.

雒宏佳，刘亚斌，常朝阳 . 2015. 29 种中国野豌豆属植物叶表皮微形态特征及其系统学意义［J］. 西北植物学报，35（1）：76-88.

马鹤林，海棠，申庆宏，等 . 1995. 89 个豆科牧草种和品种适宜辐射剂量及敏感性分析［J］. 中国草地（2）: 6-11.
马正华，田丰 . 2013. 野豌豆属种子硬实特性研究［J］. 黑龙江畜牧兽医（21）: 97-99.
南志标，张吉宇，王彦荣，等 . 2004. 五个箭筈豌豆品系基因型与环境互作效应及农艺性状稳定性［J］. 生态学报，24（3）: 395-401.
山西省农业科学院土肥队 . 1972. 春箭筈豌豆是一种肥田养地的好绿肥［J］. 土肥与科学种田（4）: 16-17.
沈洁，汤传华 . 1985. 油菜田套种大荚箭舌豌豆［J］. 江苏农业科学（8）: 18-19.
沈旭伟 . 2008. 浙西南茶园配套种大荚箭舌豌豆技术［J］. 中国茶业（7）: 24-25.
时永杰，杜天庆 . 2001. 黄土高原半干旱山区箭舌豌豆品种比较研究［J］. 干旱地区农业研究，19（1）: 93-96.
时永杰，侯采云 . 2003. 甘肃省中部半干旱山区箭舌豌豆主要经济性状的研究［J］. 中兽医医药杂志（专辑）: 64-67.
陶晓丽，马利超，聂斌，等 . 2017. “兰箭 3 号”春箭筈豌豆叶绿体全基因组草图及特征分析［J］. 草业科学，34（2）: 321-330.
王琳，范彦，张健 . 2005. 箭筈豌豆引种试验［J］. 草业与畜牧（5）: 25-26.
王寿梅 . 1998. 优质豆科牧草箭舌豌豆在甘肃的生产与利用［J］. 草与畜杂志（4）: 36-37.
王晓峰 . 2002. 小豆带动大农业——箭舌豌豆［J］. 农村实用工程技术（8）: 32.
王彦荣，南志标，聂斌，等 . 2005. 几种抗寒春箭舌豌豆新品系的形态特异性比较［J］. 草业学报，14（2）: 28-32.
王月华，韩烈保，尹淑霞，等 . 2006. $^{60}C_0$-r 射线辐射对早熟禾种子发芽及种子内酶活性的影响［J］. 中国草地学报（1）: 54-57.
奚占荣 . 2006. 西牧 324 箭舌豌豆在高寒阴湿地区的栽培技术［J］. 畜牧兽医科技信息（6）: 96.
徐加茂 . 2012. 箭筈豌豆的种植与管理［J］. 草业与畜牧（11）: 28.
徐杉，李彦忠 . 2016. 箭筈豌豆真菌病害研究进展［J］. 草业学报（7）: 203-214.
徐文勇，次仁，巴桑，等 . 2013. 箭筈豌豆在阿里地区的引种试验［J］. 西藏科

技（11）：74.

颜玲飞，张银水，陈青英 . 1990. 海涂文旦园套种大荚箭舌豌豆的综合效应［J］. 浙江柑桔（4）：30–33.

杨志敏，赖进红，李晓仙 . 2005. 箭筈豌豆的栽培［J］. 云南农业（3）：7.

张爱华，张钦，陈正刚，等 . 2016. 贵州旱地绿肥箭筈豌豆种质资源筛选与评价［J］. 种子，35（6）：63–67.

张少稳，尹德柱 . 2011. 箭筈豌豆品种资源试验初报［J］. 安徽农学通报，17（2）：98，211.

张玉琢，陈殿华 . 1983. 棉田套种箭舌豌豆对控制棉蚜的效应［J］. 江苏农业科学（2）：32–33，43.

赵佩铮 . 1980. 箭筈豌豆在我省的栽培与利用［J］. 中国草原（1）：47–51.

周凤鸣，方全贵，李顺录 . 1988. 333/A 无毒箭舌豌豆在天水北道区的推广［J］. 中国草业科学，5（6）：27–29.

周开华，张永茂 . 1983. 箭舌豌豆是茶果园的好绿肥［J］. 福建农业科技（6）：35–36.

周勇辉，刘玉萍，李兆孟，等 . 2016. 青藏高原东北部 3 种野豌豆种子萌发特性的研究［J］. 西南农业学报，29（5）：1 193–1 196.

朱必才，李克勤，房超平 . 1985. 救荒野豌豆的核型和带型简报［J］. 植物科学学报，3（4）：432.

Blum A，Lehrer E. 1973. Genetic and environmental variability in some agronomical and botanical characters of common Vetch（vicia sativa）［J］. Euphytica，22 :（1）89–97.

Holling，et al .1974.karyotype variation and evolution in the *Vicia sativa* aggregate［J］. New Phytol ogist，73（1）：195–208.

第二章　箭筈豌豆栽培

第一节　常规栽培

箭筈豌豆为一年生或越年生豆科植物，其根系发达，主根肥大，根瘤多，呈粉红色，茎叶茂盛，草质柔嫩，多作绿肥和饲草用，有些地区也用作为淀粉的生产原料，并作为种植、养殖、加工综合利用。常规栽培主要包括选地整地、施肥、选用品种、播种、田间管理、收获等过程。

一、选地整地

（一）选地

箭筈豌豆对土壤要求不严，耐瘠薄、耐酸、不耐盐，在旱平地、梯田地、山坡地、塬台地、水浇地等均能生长。在 pH 值 5.0~8.5 的沙砾及黏质土壤中也可种植。丘陵山区的轮歇地适宜选种。在高海拔地区宜选择土层深厚的土壤。在南方宜选择中性土壤。

（二）整地

视当地自然条件和生产条件决定整地时间，可选择秋整地或播前整地，达到待播状态。北方一季作地区，可选择秋整地，在前茬作物收获后，完成深耕、灭茬、灭草、晒垡、蓄集雨水，在土地结冻前进行施肥、耙耱。耙耱土地可切断土壤毛细管，消灭坷垃、弥合裂缝，减少水分蒸发。特别是顶凌耙地，可使土壤保持充足的水分，保墒的效果更好。实验证明，耙耱多次比耙耱一次的地块，干土层减少 10cm，土壤含水量提高 4.2%。

新开垦荒地和休闲地，因杂草多，耕后土块大，为保证耕作质量，耕翻时机

应以伏雨前为宜，耕地深度以能将草层埋到犁沟底部为佳。耕后要进行耙耱除草，使土壤上虚下实、保蓄水分，为种子发芽创造良好的条件。

全国箭筈豌豆种植地区因地因时具体介绍如下。

在山西大同地区，由于高寒地区特别是山区因前茬收获太晚，来不及秋耕，在春季播种前应进行春耕，为减少土壤水分损失，相随播种只进行浅耕耙耱较为有利。春耕结合施肥春耕一般不宜太深。尤其是临近播种还没有春耕的地块更不能太深。太深土地悬虚易“吊根死苗”。早春耕翻施肥贵在早，早春气温低，土壤刚解冻，水分蒸发慢，这时进行施肥耕地，可以减少水分蒸发，有利于保墒。在南方多季作地区可选择播前整地，充分利用时间（王雁丽等，2013）。

在西南的贵州省，选有一定坡度、不易积水、地力中下等的缓坡果园地或预留大季作物茬口有隔离条件的地块。在播种前将留作种子田的地块犁松耙平，地势平缓地块 6~8m 开厢，理好排水沟待播（苟久兰，2012）。

在青海省种植，选择土层深厚、肥力适中、pH 值在 6.5~8.5 的沙砾质至黏质土壤的地块。春播地在前茬作物收割后，秋深耕 20~25cm，播种前浅耕 15~20cm，耙耱、整平地面；川水地区夏播复种，在前茬作物收割后立即浅耕 15~20cm，耙耱整地，使土壤颗粒细匀，孔隙度适宜（邓艳芳，2015）。

在渭北丘陵山区的轮歇地种植箭筈豌豆，应在冬前深耕，早春解冻后浅耕耙松，为播种出全苗创造良好的条件。山区轮歇地种植箭筈豌豆，是小麦作物的良好前茬，也可与春玉米间套，或夏播用作绿肥（齐来功，2013）。

二、选用品种

生产中应选择优质、高产、抗病性好、抗倒伏的品种；外引品种至少要在当地经过 3 年以上的适应性试验才可大面积种植。种子质量为符合 GB6141 要求的三级种子。生产中应用较多及选育的品种介绍如下。

（一）333/A

品种来源：“333/A” 春箭筈豌豆，是中国农业科学院兰州畜牧研究所 1964 年，从“西牧 333” 春箭筈豌豆原始群体中发现变异株，继而应用混合选择法，经多年多点栽培选育而成的一个新品种。经过品比，其丰产性能和抗逆性都超过原品种“西牧 333”和推广品种“西牧 324”，在甘肃张掖、兰州、景泰、静宁、平凉、宁县等地试种，均表现良好。引入四川、江苏、陕西，亦得到好评。

特征特性：生育期短，早熟，全生育期 115 d。一般比原品种早熟 3~5d，比

“西牧 324”早熟 10 d 左右。单株荚数 18.9 个，单株粒数 116.0 粒，籽粒产量 2945.5kg/hm^2，鲜草产量 35 379.7kg/hm^2。该品种的植物学形态与原品种有明显区别，遗传性状稳定，综合性状优良，具有早熟、丰产、抗旱耐寒、低毒、耐瘠薄、品质好等特性。1973 年在张掖种植，从出苗到成熟只需 86 d，正常年份在甘肃皇城和四川若尔盖地区种植也能结荚成熟。抗旱性强。“333/A”苗期叶纤细，暗紫色，呈线形，叶宽只有原品种的 1/3，叶面积只相当原品种的 2/5，比“西牧 324”更小，这就有利于减少水分蒸发，增强抗旱力。“333/A”的豆荚结合牢固，不炸荚，收获时可减少损失，可缓和收获时的劳力紧张程度。

产量和品质：1973 年在宁县种植，在干旱严重下，产量仍达 1 537.5kg/hm^2，而与之对照的普通豌豆只有 622.5kg/hm^2。几年来，在一些地区进行品比试验，不论水肥条件好坏，播种早晚，其籽实产量较高，产草量较“西牧 324”低。但若麦收后用以复种豆青，其生长较速，青草产量却略高于“西牧 324”。1973 年在张掖进行复种对比试验，“西牧 324”平均株高 78.5cm，青草产量 24 075~28 147.5kg/hm^2；“333/A”平均株高 88.2cm，青草产量 26 647.5~29 820.0kg/hm^2，其产量较“西牧 324”高 6.0%~10.7%。氢氰酸含量低。据测定，春箭筈豌豆“西牧 324”籽实氢氰酸含量为 44.2mg/kg，“西牧 881”（推广品种之一）为 22.9mg/kg，“西牧 333”为 19.6mg/kg，而“333/A”只有 12.7mg/kg，比食用的极早熟豌豆籽实氢氰酸含量（14.2mg/kg）还低。

适宜种植地区：适于轮作、间作、套种等。既可饲用，又可食用，是一种生产利用广泛的优良一年生豆科牧草新品种。适宜在北方旱作区和高寒阴湿山区种植。

（二）6625 箭筈豌豆

品种来源：“6625”箭筈豌豆为一年生或越年生豆科巢菜属绿肥和饲料作物。1961 年前后，江苏省农业科学院土壤肥料组在引种绿肥品种中发现，箭筈豌豆产种量比较稳定，但多数品种均怕冻害，同时成熟较迟，在 1966 年从外地引进的品种中，发现了早熟株，经过混合选择，1970 年培育成“6625”箭筈豌豆品种。

特征特性：“6625”箭筈豌豆有较粗的主根，有根瘤；分枝 6 个以上，多者达 20 多个，茎柔嫩、粗壮，长约 120cm，生长旺的可达 180cm，半匍匐状，易攀缘生长，羽状复叶；花腋生 1~2 朵，紫红色，果荚扁长，每荚有种子 5~9 粒，种子扁圆，种皮青黑色，黑色花纹粗而明显，正常年份千粒重 79 g，春播

的为 55 g。

该品种喜温暖，春性较强，在晚秋和早春比光叶苕子生长快，在平均气温 6℃以上也能通过春化阶段，所以在江苏省春播能得到一定量的种子；如在各地秋播，幼苗在冬季有不同程度的冻害，但能耐 -10℃的低温。据试验，冻害的程度与播种期有密切关系，早于 9 月中旬或迟于 10 月底播种的，冻害就比较重。

该品种适应性较广，据上海、浙江、云南、贵州、湖北、山东试种，都能获得较好的产量，在南方种植，成熟期比江苏省提早半个月。在淮北的砂碱土、滨海盐土、沿江冲积土、高沙土及苏南丘陵淀浆白土、黄土等土壤上，均能获得高产。该品种具有一定的耐瘠性，但耐盐能力不强，土壤 pH 值 <9，氯盐含量少于 0.051% 时，植株生长正常，pH 值 >9.5，氯盐含量在 0.051%~0.065% 时，生长就受抑制；氯盐含量超过 0.065% 时，就要死苗，尤其在干旱返盐时，表土氯盐含量达到 0.2%，就不易成活。

抗性表现：该品种喜湿润，但耐旱不耐涝。种子出苗要求湿润的土壤条件，苗期干旱，出苗率低。成长植株有一定的耐旱能力，在旱年也能获得较好产量。植株根部忌渍水，否则根部易腐烂致死。

产量和品质：从 1972 年秋播开始，江苏省各地 35 个单位对“6625”品种连续进行了两年区域试验。结果一致表明，该品种适于江苏省栽培，为早发、早熟、高产品种，特别是产种量较高，深受广大农户欢迎。

该品种既可春播又可秋播。江苏省于 2 月中旬春播，5 月上旬开花，6 月 20 日前后种子成熟，全生育期 90d；9—10 月秋播，翌年 2 月下旬至 3 月上旬返青，4 月上中旬开花，种子灌浆迅速，5 月底或 6 月初成熟，全生育期 230~240d，比光叶苕子早熟 20~25d。

江苏省各地两年试验结果，9—10 月中旬播种，平均鲜草产量 29 250.0kg/hm^2 以上，10 月下旬播种的产量在 12 000.0kg/hm^2 左右。适期早播的产量高，10 月中旬以后播种的产量显著下降。据观察，早播的株高，分枝多，单株鲜重增加，10 月中旬以后播种的株高与分枝都显著降低。春播的鲜草产量不及秋播的高，这是各地试验的共同趋势。

该品种春发早且快。据睢宁、涟水、沭阳等地品比试验，4 月上、中旬每公顷鲜草产量，秋播的比光叶苕子高 20.0%~150.0% 以上，春播的比光叶苕子高 44.0% 以上。在南通，“6625”品种鲜草产量高于豌豆；在盐城、扬州，鲜草产量同光叶苕子相似或略超过光叶苕子。据几年来的分析，“6625”品种每吨鲜草含 N3.9~5.5kg，含 P_2O_5 0.9~2.6kg，在不同年份、不同生育期，养分含量有所差异。

该品种种子产量高。由于花期早，落花落蕾少，种子灌浆迅速，果荚不易脱落和炸裂，所以粒多粒饱，种子产量稳而高，秋播产量 1 500.0~2 250.0kg/hm^2 以上，高者达 3 000.0kg/hm^2，比光叶苕子增产 5~10 倍，种子繁殖系数达 70 以上。春播产种子 750.0~1 500.0kg/hm^2，且不如秋播的稳定。

栽培要点：在正常年份，江苏省秋播绿肥田宜在 9 月中旬至 10 月初播种，留种田宜在 9 月下旬至 10 月上旬播种，淮北地区要早播，沿江及苏南地区可迟播，播种量绿肥田 45.0~60.0kg/hm^2，留种田 22.5kg/hm^2 左右，肥地少播，瘦地多播。春播以 2 月中旬为宜，播种量绿肥田 75.0~90.0kg/hm^2，留种田 45.0kg/hm^2。据定西市农业科学研究院试验，将萌动的种子，经 15d 以上的低温（2℃左右）处理后进行春播，可提早 4~5d 成熟，种子增产 6.5%~17.2%。

留种最好在棉田，利用棉秆作支架，可提高产种量，如泰县洪林农技站，连续两年获得 3 090.0kg/hm^2 以上的产量。有支架可减轻冻害，植株上下成熟一致，千粒重也高。

据各地试验，施用 450.0~600.0kg/hm^2 磷肥，可增产鲜草 32.0%~70.0%，增产种子 2~3 成。扬州、睢宁试验表明，施用钾肥、钼肥也有增产效果。灌溉与排水对产量影响也很大，1973 年秋旱，经过灌溉的出苗率高，生长旺，产量也高，冬灌还能防冻。该品种不耐湿，排水沟要通畅，在低湿黏重的土壤上种植，必须高畦深沟，防涝防渍。如有蚜虫、潜叶蝇为害，应及时防治。

该品种在稻麦两熟地区的早、中稻茬地、棉田种植或与麦类间套，可作水稻、棉花、玉米的基肥，或早春先套播于玉米行间，作玉米的盘青肥。该品种目前正在扩大繁殖、利用问题还有待进一步试验研究（江苏省农业科学院土壤肥料组）。

适宜种植地区：据上海市农业科学院、湖北省农业科学院、湖北沙洋农场农科所和贵州省农业科学院等单位于 1972 年引种秋播试验，种子平均产量最低为 948.8kg/hm^2，最高为 2 787.8kg/hm^2，鲜草产量 22 500.0~30 000.0kg/hm^2。山东省济宁地区农业科学研究所于 1973 年春播，种子产量 2 250.0kg/hm^2，在该地也能越冬。在云南省农业科学院、青海省农林科学院（徨中县）试种，也能开花结籽。在南方晚播，也能获得高产。例如浙江省临海县大田农技站于 1973 年 11 月 15 日播种，种子产量 2 437.5kg/hm^2。

（三）陇箭1号

早熟，单株荚数16.7个，单株粒数86.0粒，全生育期116d，籽粒产量2 909.73kg/hm^2，鲜草产量35 685.7kg/hm^2。

品种来源：由甘肃省农业科学院土壤肥料研究所从新疆箭筈豌豆优良变异株系选育而成。

特征特性：抗旱、耐寒性强，营养体健壮、生长茂盛，而且根系发达。全生育期105~110d，系中熟品种。

产量和品质：鲜草产量38 700.0kg/hm^2，春播产种量3 300.0kg/hm^2，千粒重55.0~60.0g。盛花期取植株测定干物质养分含量：全氮36.9g/kg，全磷7.0g/kg，全钾30.3g/kg；干物质营养成分粗蛋白21.02%、粗脂肪1.78%、粗纤维36.43%、无氮浸出物26.53%。该品种籽实内含氢氰酸（HCN）33.400mg/kg，而茎叶中含HCN仅为0.335mg/kg。因此，该品种是绿肥、饲草兼用绿肥作物，已在甘肃河西灌区、沿黄灌区推广种植面积达7 000hm^{2}以上。

适宜种植地区：甘肃及同类地区种植。

（四）苏箭3号

品种来源：系江苏省农业科学院从澳大利亚引入的品种中系统选育而成。

特征特性：早熟，全生育期103d，单株荚数17.9个，单株粒数88.5粒。

千粒重60~65g。全生育期95~105d，系中早熟品种。

产量和品质：籽粒产量2 990.3kg/hm^2，鲜草产量35 967.4kg/hm^2。麦田套种产鲜草3.98万kg/hm^2，高者可达6.00万kg/hm^2。花期取样分析干物质养分含量，全氮39.3g/kg，全磷3.3g/kg，全钾27.0g/kg，有机碳45.54%。干物质营养成分粗蛋白24.56%，粗脂肪1.17%，粗纤维23.80%，无氮浸出物29.91%，灰分12.14%。系肥、饲兼用优良品种。

适宜种植地区：据在兰州、武威等地实验观察，该品种速生早发，叶长而宽，分枝性强，抗旱，再生性强，适应性广。麦田套种，麦收后9月中旬已值秋末，低温时节再生株花繁殷盛。

（五）兰箭1号

品种来源：兰箭1号箭筈豌豆的原始亲本由位于叙利亚的国际干旱农业研究中心（ICARDA）1994年从葡萄牙引进并初步筛选，编号为2556。1997年从（ICARDA）引进，作为亲本材料。通过单株选择和混合选择法，选择早熟、结荚数多、种荚饱满、每荚粒数多的植株，单独脱粒，分株等量种子混合，再经混合选择而育成的新品种（品种登记号：GCS011）。

特征特性：新品种兰箭1号春箭筈豌豆为一年生草本，株高90~120cm，因气候而异。主根发达，深40~60cm，苗期侧根20~35条，根灰白色，有根瘤着生。主根发达，深40~60cm，苗期侧根20~35条，根灰白色，有根瘤着生。茎圆柱形、中空，基部紫色。羽状对生复叶，小叶5~6对，椭圆形，先端截形；盛花期叶长、宽比约为3∶1，叶轴顶部具有分枝的卷须。蝶形花，紫红色。荚果条形，内含种子3~5粒；种子近扁圆形，黄绿色带褐色斑纹，千粒重平均75.2g。在海拔3 000m的高山草原，平均生育期为110d。于5月底出苗，7月中下旬达盛花期，9月中旬成熟。

产量和品质：经生产试验多年多地平均，新品种兰箭1号草产量高且能够完成生育周期，平均干草产量3 767.0kg/hm^2，平均种子产量1 401.0kg/hm^2。盛花期粗蛋白质21.06%、粗脂肪1.15%、磷0.23%、钙2.45%、粗纤维17.86%、粗灰分9.62%、水分8.13%、无氮浸出物50.32%。

适宜种植地区：青藏高原东北边缘地区。

（六）兰箭2号

品种来源：原始亲本由位于叙利亚的国际干旱农业研究中心（ICARDA）1994年从西班牙引进并初步选育，命名为品系2560。兰州大学1997年自ICARDA引进，作为亲本材料。通过单株选择和混合选择法，选择草产量高、种子可成熟的植株，单独脱粒，分株等量种子混合，再经混合选择而育成的新品种（登记日期：2015年8月，品种登记号482）。

特征特性：一年生草本，株高80~120cm，因气候而异。主根发达，入土40~60cm，苗期侧根20~30条，根灰白色，有根瘤着生。茎圆柱形、中空，茎基紫色。羽状对生复叶，小叶4~5对，条形、先端截形；苗期叶长、宽比约8.0，叶轴顶部具分枝的卷须。蝶形花，紫红色。荚果条形，含种子3~5粒；种子近扁圆形，群体杂色，为灰绿色无斑纹、灰褐色带黑色斑纹和黑色无斑纹之混合。千粒重78g左右。具有草产量高、较早熟、耐旱、耐瘠薄，水、热、养分利用效率高等特点。

产量和品质：营养丰富，盛花期粗蛋白质21.8%、粗脂肪13.0%、粗纤维20.6%、中性洗涤纤维34.7%、酸性洗涤纤维24.9%、粗灰分9.6%、钙1.20%、磷0.31%、水分8.13%。各种畜禽皆喜食。

适宜种植地区：适应范围广，在3 100m以下的高山草原和黄土高原均能良

好生长、可完成生育周期收获种子。喜土层深厚、pH 值 6.5~8.5 的土壤，日照时间较长有利于分枝期及花期生长。黄土高原和青藏高原海拔 3 000m 左右的地区皆可种植。

（七）兰箭 3 号

品种来源：原始亲本由位于叙利亚的国际干旱农业研究中心（ICARDA）1994 年从阿尔及利亚引进并初步选育，命名为品系 2505。1997 年自 ICARDA 引进，作为亲本材料。通过单株选择和混合选择法。选择早熟、结荚数多、种荚饱满、每荚粒数多的植株，单独脱粒，分株等量种子混合，再经混合选择而育成的新品种（登记日期：2011 年 5 月，品种登记号：441）。

特征特性：兰箭 3 号春箭筈豌豆为一年生草本，株高 60~100cm，因气候而异。主根发达，入土深 40~60cm，苗期侧根 20~35 条，根灰白色，有根瘤着生。茎圆柱形、中空，基部紫色。羽状对生复叶，小叶 5~6 对，条形、先端截形；盛花期叶的长、宽比约为 4∶1，叶轴顶部具有分枝的卷须。蝶形花，紫红色。荚果条形，内含种子 3~5 粒；种子近扁圆形，灰褐色带黑色斑，千粒重 75.5g。该品种具有早熟、生育期短，抗寒、耐瘠薄、抗旱等特点。在海拔 3 100m 的高山草原能正常生长发育，在海拔 3 000m 的高山草原区，平均生育期 100d，在甘肃庆阳黄土高原雨养农耕区为 70d。一般中等肥力的土壤不需施肥，年降雨量 350mm 及以上地区不需灌溉。

产量和品质：种子产量高而稳定，多点大田生产试验平均种子产量达 1 499.0kg/hm^2。草产量平均 3 050.0kg/hm^2。营养丰富，盛花期粗蛋白质 21.47%、粗脂肪 0.94%、磷 0.28%、钙 2.50%、粗纤维 18.7%、粗灰分 10.47%、水分 7.93%、无氮浸出物 48.43%，各种畜禽皆喜食。

适宜种植地区：适应于青藏高原为主体的草原牧区及黄土高原雨养农耕区，作为小麦等秋播作物收后的复种作物种植。

（八）“绵阳”箭筈豌豆

品种来源：“绵阳”箭筈豌豆是四川省农业科学院土壤肥料研究所以绵阳市平武等地农家栽培材料为原始材料，经过数代单株选择而成的新品系。2008—2011 年在四川省资阳市进行新品系比较试验和原原种扩繁，发现新品系平均增产幅度在 10% 以上。2011 年定名为“川北”箭筈豌豆，后根据全国草品种审定委员会建议改为“绵阳”箭筈豌豆。

产量和品质：2012—2014 年申请进入国家区域试验，2014 年底完成区域试验。区域试验结果表明，“绵阳”箭筈豌豆适应性强，在低海拔和高海拔地区都表现良好，总共10个试点中9个试点表现出不同增产幅度（2.4%~29.8%），其中7个试点增产10%以上，5个试点增产15%以上，4个试点增产20%以上。

特征特性：“绵阳”箭筈豌豆适应海拔为500~3 000m，喜温凉湿润气候，耐寒、耐旱，耐瘠薄，再生能力强，生长速率快，产草量高；春播、秋播均可，秋播于9月上旬播种，冬前可刈割利用1~2次，开春后可再刈割2次，平均干草产量9 816.0kg/hm^2。秋播生育期235~252d。一般用于秋季收获后的水稻、玉米等地接茬种植。由于其抗寒、抗旱、再生性强、产草量高、叶量丰富，成为四川农区冬闲地、烟地轮作不可替代的草种，不仅提高了土地利用率，而且提高了种植效益。

（九）晋豌豆（草）8号

品种来源：山西农业科学院高寒区作物研究所选育，审定编号：晋审豌（认）2015003。

特征特性：一年生草本植物，根系发达，主根肥大，根瘤多，茎叶茂盛。具棱，被微绒毛，偶数羽状复叶长3~6cm，叶轴顶端卷须有2~3分支；托叶戟形，通常2~4裂齿，小叶2~7对，长椭圆形或近心形，长0.9~2.5cm，宽0.3~1cm，先端平截有凹，基部楔形，侧脉不甚明显。花1~2朵，腋生，近无梗；萼钟形，外面被绒毛，萼齿披针形或锥形；花冠紫红色，旗瓣长，倒卵圆形，先端圆，微凹，中部缢缩，翼瓣短于旗瓣，长于龙骨瓣；荚果线长圆形，长约4~6cm，宽0.5~0.8cm。种子3~8粒，圆球形，绿褐色，千粒重57.3g。

产量和品质：2014—2015年参加山西省春箭筈豌豆区域试验，两年平均干草产量5 778.0kg/hm^2，比对照333/A（下同）增产19.9%，12个试点全部增产。其中2014年平均干草产量5 233.5kg/hm^2，比对照增产19.7%；2015年平均干草产量6 322.5kg/hm^2，比对照增产20.1%。2014年委托吉林农林大学动物科技学院草业研究室进行了“同箭豌1号”春箭筈豌豆植株的品质分析，分析结果为粗蛋白质19.27%、粗纤维22.58%、粗灰分18.75%、粗脂肪6.52%、无氮浸出物26.47%、氢氰酸39.77mg/kg。

栽培要点：播前应精细整地，施磷氨复合肥为种肥。北方自春至秋均可播种，单播收种宜4月中、下旬播种。采用条播或穴播，行距20~30cm，播深3~4cm；混播，可撒播也可条播，行距20~25cm。及时进行中耕除草，并在分枝期和结荚期及时灌水。当70%豆荚变成黄褐色时清荚收获。

适宜区域：山西省北部、中部及东西部种植。尤其能在较寒冷的地区或轻度盐碱的土壤上种植。

（十）其他

1. 西牧 324

西牧 324 为晚熟品种，在西藏地区，4 月 13 日播种，4 月 27 日出苗，9 月上中旬成熟，生育期 150d 左右。4 月下旬以后播种，生育期延迟，生长季结束时处于开花—结荚—成熟状态，大部分籽粒不能成熟。

西牧 324 在 4 月 13 日播种，种子产量达到 2 442.1kg/hm^2，极显著高于其他播期（$P<0.01$）；隔 7d 以后播种，种子产量下降到 795.2kg/hm^2，下降幅度为 67.4%；5 月 6 日播种，种子产量急剧下降到 99.5kg/hm^2，下降幅度达到 95.9%。种子千粒重以 4 月 28 日播期处理最高，为 74.4g；4 月 20 日播期处理最低，为 60.8g；二者差异达显著水平（$P<0.05$）。4 月 13 日播种处理种子产量最高，小粒种子较多，所以千粒重的表现不是最高。播种过晚，成熟性差的种子多，同样影响千粒重。从种子粒径看，4 月 28 日播期种子的长度增加幅度较大，影响了千粒重。其千粒重与长度呈极显著正相关（$P<0.01$），相关系数为 0.970。8 月上旬生长季后期测定单株平均结荚数和开花数，结果 4 月 13 日播种处理平均结荚数为 14.3 荚 / 株，比 4 月下旬以后的播种处理高 69.2% 以上，不同期大面积种植的结果与小区试验一致。

2. 西牧 820

晚熟品种，单株荚数 16.2 个，单株粒数 96.4 粒，全生育期 130d，籽粒产量为 2 911.5kg/hm^2，鲜草产量 35 411.6kg/hm^2。

3. 80-142

品种来源：江苏省农业科学院土肥所 1980 年从澳大利亚引入巢菜属品种 28 份，其中 80-142（引种编号，原品种名为 Languedoc）性状优良，经试验在各地种植。

特征特性：成熟期早，与国内目前成熟最早的品种 6625 相比，在南京地区种植晚熟 2d 左右，在四川、福建等地种植还略早于 6625，据湖南省农业科学院试验，80-142 的成熟期比 6625 约早 20d。植株营养体生长最旺盛，耐湿性和结荚性好，但植株个体之间在开花期、单株结荚数等性状方面差异悬殊。成熟后经室内考种，将其中株高在 120cm 以上，有效分枝数在 12 个以上，单株有效荚数在 70 个以上的 6 株混合脱粒，供繁殖试验。

产量和品质：1981年秋播时，该混选材料被提升参加箭筈豌豆品种资源的整理鉴定试验，结果在供试的134份材料中，种子产量居第二位，在早熟品种中居首位，小区折合产量3 333.0kg/hm^2，比平均产量1 821.0kg/hm^{2}高120.4%，营养生长和经济性状均显著好于第一年，有效分枝数和单株有效荚数分别为16.6和128。1982年起连续进行了两年品种比较试验。据1983年和1984年试验结果，80-142的种子产量均居首位，平均亩产分别为868.5kg/hm^2、2 832.0kg/hm^2，比对照品种分别增产148.3%和69.0%，差异均达1%水平。鲜草产量也是均居首位，平均产量分别为41 875.5kg/hm^2、45 250.5kg/hm^2，比大荚箭豌分别高10.2%和30.2%，也均达1%水平。

适宜区域：1984年秋季江苏省农业科学院土肥所会同福建、湖北、湖南、四川等省的兄弟单位联合进行区域适应性试验。根据包括定西市农业科学研究院在内的7个试点的材料汇总，种子产量除四川和湖南农业科学院略低于对照品种外，其余5个试点都高于对照品种，增产幅度较大，除湖南省农业科学院的鲜草产量与对照品种相同，其余5个试点都高于对照品种大荚箭豌，增产幅度在10%~48%。湖南省农业科学院在区域试验中虽无明显增产效果，但在农村示范点上应用效果较好，种子产量居首位，深受当地农民欢迎。

另据云南省农业科学院土肥所、贵州省农业科学院土肥所、中国农业科学院蚕桑所、福建省古田县农业局土肥站等单位试种比较，一致认为比当地所应用的品种有明显增产效果，有些地区已开始大面积推广应用。

在1985年全国箭豌品种区域筛选试验中，甘肃省农业科学院在武威市永昌乡试验，在100多个品种中，种子产量在2 250.0kg/hm^{2}以上的品种仅2个，鲜草产量在30 000.0kg/hm^{2}以上的品种也只有3个，而80-142的种子产量和鲜草产量均居首位，分别为2 413.5kg/hm^{2}和34 002.0kg/hm^2。据福建省建阳地区农业科学研究所试验，80-142鲜草产量高达63 103.5kg/hm^2。该地区箭豌一般留种较难，而80-142的种子产量1985年、1986年分别为1 732.5kg/hm^2、1 590.0kg/hm^2，这在当地是一个突破。另外，在四川、大庆、北京等地试种效果都很好。

在南方丘陵红黄壤地区，特别是在果、桑、茶园等经济林中，以箭筈豌豆用作冬绿肥，有效地解决了有机肥供应不足和运输困难的问题，在提高产量、果品品质和经济效益方面效果都很显著。江苏镇江农科所在茶园行间间种2行80-142，鲜草产量8 550.0~9 750.0kg/hm^2（间种面积占茶园面积的30%左右），

折合纯氮66.0~73.5kg/hm^2，相当于225.0~300.0kg/hm^{2}硫酸铵，缓和了氮肥供应不足的矛盾。此外还有一定量的磷、钾、有机碳和微量元素。中国农业科学院蚕桑所在丘陵桑园中，南京林业大学在福建林区林地间种80-142也获得满意的效果。另外随着农村农业结构的调整，水产养殖和畜牧业发展较快，箭筈豌豆用作养兔、养鱼的青饲料也很受欢迎（李荣等，1989）。

4. 波兰箭豌

晚熟品种，单株荚数16.3个，单株粒数83.3粒，全生育期138 d，籽粒产量2 623.3kg/hm^2，鲜草产量32 357.7kg/hm^2。

5. 山西春箭碗

中熟品种，单株荚数21.0个，单株粒数88.2粒，全生育期125d，籽粒产量2 778.2kg/hm^2，鲜草产量33 745.0kg/hm^2。

6. MB5/794

中熟品种，单株荚数25.2个，单株粒数104.6粒，全生育期129d，籽粒产量2 777.8kg/hm^2，鲜草产量32 922.0kg/hm^2。

另外，还有苏箭4号、淮箭1号、大荚箭豌、5-1-5（山西省农业科学院高寒区作物研究所）等箭筈豌豆品种，在生产中有应用，受条件限制，未能查到相关资料。

三、播种

（一）种子处理

1. 选种

播种前检验种子品质，查明种子纯净度、发芽率，计算种子用价，然后决定播种量。收草播种的种子品质，不得低于国家或省级规定的Ⅲ级种子标准，种子田播种的种子，必须选用Ⅰ级种子。选择籽粒饱满、成熟度好、发芽势和发芽率高、健康的种子。可用10%左右的盐水进行选种或清水淘洗2~3次，去除瘪籽、杂草籽、霉籽（苟久兰，2012）。

2. 种子处理方法

（1）春化处理　从生长发育的角度看，箭筈豌豆属于低温长日照植物。即生育早期需要一定程度的低温，花芽分化需要一定的长日照条件。为了提早成熟和高产，有些地区播前对箭筈豌豆种子进行春化处理。

处理方法：每50kg种子加水38kg，15d内分4次加入。拌湿的种子放在谷壳内加温，并保持10~15℃温度，种子萌动后移到0~2℃的室内35d即可播种（陈建纲，2006）。苗期多进行中耕除草。

（2）高温处理　① 温水浸处理：根据箭筈豌豆种子萌发条件，为了破除硬实率，一些地区例如青藏高原东北部播前对种子进行高温水浸处理。水温55℃，将种子倒入盛放温水的容器内，快速搅拌，将水温降至20℃，浸泡1~2h，晾干备用。也可采用干燥器温热处理种子，处理温度为30~35℃。② 晒种：播前晒种3~5d可提高其发芽势和发芽率。

（3）种子拌种或包衣　播前用含有微肥和辛硫磷等杀虫成分的包衣剂对种子包衣处理；初次种植或从未种过箭筈豌豆的地块应接种根瘤菌，按8~10g/kg根瘤菌剂拌种，避免阳光直射；避免与农药、化肥、生石灰等接触；接种后的种子3个月内未播种应重新接种。

（二）播种

1. 播种季节

在全国范围内，箭筈豌豆既可以春播、夏播，也可秋播。

箭筈豌豆普遍种植于中国长江中下游、华北和西北诸省区，为中国栽培利用范围最广的饲草、绿肥品种之一。一般认为，春箭筈豌豆在中国北方以春播为宜，且早播为好。北方从春至秋均可播种（不迟于8月上旬），单播收种宜4月中、下旬播种（徐加茂，2012）。夏季北方地区播种应争取早播，特别是温度较低的地区（10月平均温度低于7℃），早播是获得高产的关键。南方地区一年四季均可播种，用作收种，秋播不迟于10月，春播不宜迟于2月。

南方地区的播种期适宜范围比较宽：在苏、皖两省为9月下旬至10月上旬；浙、赣北、湘北、鄂、云、贵、川为10月上旬至10月中旬；闽北、湘、赣南为10月中旬至10月底，在晚播情况下，产量虽降低，但较其他冬绿肥下降少，故在湖南用为双季晚稻之后耕翻播种的冬绿肥，在西北、华北则要在早春顶凌播种。

但也有研究认为在高山草原地区，对种子田宜于4月下旬播种，这种差异主要是由于高山草原的气候条件所致（胡小文，2004）。播期试验所得出的结论为气候条件越不利于箭筈豌豆生长的年份，播期对种子质量的影响也就越大。

2. 播种日期

关于箭筈豌豆播期试验的资料甚多。举例介绍如下方面。

（1）播期对箭筈豌豆生育进程的影响　箭筈豌豆适应性广，在全国各地都可

种植，不同区域播种期不同，一般来说，不同熟性的品种营养生长期和生殖生长期受播期的影响都较大，随着播期推迟生育期缩短，播种—出苗时间缩短尤为明显。早熟豌豆品种株高随着播期推迟呈下降趋势，单株荚数、荚粒数和百粒重随着播期推迟表现先升后降的变化趋势；晚熟豌豆品种的株高随着播期推迟呈“波浪形”变化趋势，单株荚数、荚粒数和百粒重随着播期推迟呈下降趋势。早熟豌豆品种生育期短，成熟快，适播期较宽，适当晚播可获得较高产量；晚熟品种生育期长，成熟慢，适播期较窄，早播可获得较高产量，过期播种产量下降。

（2）播期对箭筈豌豆产量的影响　杨晓等（2013）研究了在西藏自治区（全书简称西藏）高海拔河谷地带，播期对333/A、西牧333、西牧881和西牧324等4个箭筈豌豆品种的种子产量、种子千粒重、秸秆产量等的影响。① 不同播种期不同品种的种子产量比较：从4个品种5个播期（2010年4月7日至5月6日）的种子产量可以看出，333/A和西牧333的种子产量各播期均显著高于西牧881和西牧324（$P<0.05$）。其中333/A的产量为757.8~2 552.2kg/hm^2，平均1 746.2kg/hm^2，不同播期间的差异较大；西牧333的产量为1 372.2~2 550.0kg/hm^2，平均1 873.0kg/hm^2；西牧881的种子产量为87.8~804.8kg/hm^2，平均493.4kg/hm^2；西牧324种子产量115.6~656.0kg/hm^2，平均335.5kg/hm^2。333/A和西牧333的种子产量以4月20日和4月28日播期最高，与西牧881和西牧324的差异也最大。总体来看，随播种期延迟，4个品种的种子产量均呈现出先上升后下降的趋势，即过早或过晚播种都不利于种子生产。② 不同品种播种期间种子的千粒重比较：供试的4个品种以西牧333的千粒重最高。不同播期西牧333的种子千粒重波动幅度为70.14~101.88g，平均82.30g；333/A的千粒重50.91~65.30g，平均59.20g；西牧881种子千粒重59.33~75.00g，平均57.98g；西牧324种子千粒重41.16~62.55g，平均52.38g。

4个箭筈豌豆随播种期的延迟，种子千粒重都呈现先上升后下降的趋势，333/A和西牧333的种子千粒重均以4月20日最高，种子产量的变化趋势基本一致。这表明适宜播期不仅能提供较高的种子产量，同时千粒重的提高也提高了种子质量。西牧881和西牧324在各播期的种子产量均极低，判断最适播种期缺乏依据，其千粒重分析仅供参考。③ 种子产量和秸秆产量的相关性比较：作为箭筈豌豆种子田的副产品，其秸秆在养畜方面有重要意义，与种子产量也有密切关系。5个播期内，333/A秸秆产量为4 329.8~7 778.2kg/hm^2，平均5 365.2kg/hm^2；西牧333秸秆产量为3 570.1~6 650.4kg/hm^2，平均5 339.6kg/hm^2；西牧881

秸秆产量 4 592.2~8 737.5kg/hm^2，平均 6 832.2kg/hm^2；西牧 324 秸秆产量 5 573.6~8 504.1kg/hm^2，平均 6 833.1kg/hm^2。随播种期延迟，4 个品种箭筈豌豆秸秆产量呈先下降后上升趋势。

从以上种子产量和秸秆产量的比较结果看，播种早，所有供试品种的种子产量和秸秆产量均较低，有两个原因：一是试验期春季气温回升慢，地温低，早播不易出苗；二是试验地为砂壤土质，保水性差，一般灌溉后抢墒播种，早播处理没有及时出苗，反而出苗期变晚。

333/A 和西牧 333 种子产量和秸秆产量的相关性：比较 5 个播种期内，4 个箭筈豌豆品种秸秆产量变化趋势和种子产量的变化趋势相反，呈负相关，即收获较高种子产量时，其秸秆产量较低。由于西牧 881 和西牧 324 在各播期的种子产量极低，分析其与秸秆产量的相关性失去意义，除 333/A 在 4 月 7 日播期外，其他播期 333/A 和西牧 333 的种子产量与秸秆产量均呈极显著负相关（$P<0.01$）。

（3）播期对箭筈豌豆品质的影响　胡小文等（2004）用 2 年的时间，探讨了 7 个播期对 4 个春箭筈豌豆品系种子质量的影响，主要从四个方面进行了研究。

播期与发芽率的关系：2 年不同播期收获的种子发芽率均表现出随播期推迟而降低的趋势，其中 2000 年不同播期收获的种子之间的发芽率表现出显著性差异（$P<0.05$），发芽率除 2556 品系 4 月 26 日播期的种子发芽率最低外，其他品系均以 5 月 16 日播期的种子发芽率最低，并与另 2 个播期之间的发芽率存在显著性差异（$P<0.05$）；但 2001 年不同播期收获的种子之间的发芽率除 2566 品系 5 月 16 日播期的发芽率与另 3 个播期差异显著外（$P<0.05$），其他品系差异均不显著（$P>0.05$）。各品系播期与发芽率之间的关系表现出年份间的差异。

播期与千粒重的关系：2000 年箭筈豌豆不同播期收获的种子千粒重均以 5 月 16 日下播的偏低，除 2560 品系外，均与前 2 个播期差异显著（$P<0.05$）。对 2505 和 25602 个品系而言，千粒重随播期推迟而减小，另 2 个品系则以 5 月 6 日播种的千粒重最大，5 月 16 日播种的千粒重最小。2001 年箭筈豌豆不同播期收获的种子千粒重除 2560 品系各播期之间差异显著（$P<0.05$）外，其他品系播期之间千粒重差异不显著（$P>0.05$）。

播期与电导率的关系：电导率用来评定种子质量，能克服用发芽率来判别种子质量所用周期长的特点，为生产节约时间。以往电导率主要基于对豌豆，大豆和农作物种子以及少量牧草种子的研究表明：种子质量下降时，膜系统功能异常，透性增大，水浸电导率上升。本研究发现种子电导率与发芽率之间呈极显著

负相关（$P<0.01$），这与前人的研究结果一致，说明用电导率评价箭筈豌豆种子质量是适宜的。

2000 年不同播期收获的种子之间电导率除 2556 品系 5 月 6 日播期的电导率最低，5 月 16 日播期的最高外，其他品系均随播期的推迟而增高，并且各播期之间电导率差异显著（$P<0.05$）。2001 年不同播期收获的种子之间电导率除 2566 品系 5 月 16 日播期的种子与其他播期的电导率差异显著（$P<0.05$）外，另外 3 个品系差异均不显著（$P>0.05$），且不随播期不同而表现出相应趋势。

2000 年的播期试验中不同播期收获的种子千粒重均以 5 月 16 日下播的偏低，千粒重随着播期推迟而降低。晚播降低种子千粒重这可能与春箭筈豌豆的生长期有关，晚播的种子生长期短，成熟度差，从而造成种子千粒重小。并且由于当地气候条件的限制，又不能通过延迟收获期来使晚播的种子充分成熟，所以不可避免地造成种子质量的下降。而 2001 年 4 月及 5 月的播期试验则表现为千粒重随着播期的推迟而差异不显著，表明该年份千粒重未受到播期推迟的影响。

（4）各地箭筈豌豆的适宜播种日期范围　贵州省箭筈豌豆留种田播种期一般在 9 月下旬至 10 月上旬。播种量 30.0~37.5kg/hm²。种子发芽率高、杂质少、有种植经验的地方以及肥力较高的地块，播种量可酌减，反之则酌增（苟久兰，2012）。

在青海，春播在海拔 2 700~4 300m 的地区 4 月中旬至 5 月下旬播种。夏播在海拔 1 700~2 700m 的地区，头一茬作物收获后于 6 月中旬至 7 月下旬整地复种（邓艳芳，2015）。

渭北山区约为 4 月上中旬，平均气温稳定在 10~12℃即可播种。箭筈豌豆生长期比较喜欢温凉干燥气候，播种过早易冻死。适宜的播期应以当地终霜期为指标，种在霜前，出苗在霜后（齐来功，2013）。

在宁夏回族自治区海原县，4 月中下旬平均气温稳定在 8~10℃，即可播种（屈海琴，2012）。

3. 种植密度

关于箭筈豌豆不同种植密度试验的资料也甚多。

（1）种植密度对箭筈豌豆产量的影响　屈海琴（2012）以 90kg/hm²、120kg/hm²、150kg/hm²、180kg/hm²、210kg/hm² 五个播种密度进行试验，不同密度对箭筈豌豆产量及产量构成性状的影响详见表 2-1。

表 2-1　不同处理对豌豆产量构成性状的影响

处理（kg/hm^2）	株高（cm）	有效株（万株 $/hm^2$）	单株有效荚（个）	单荚粒数（粒）	千粒重（g）	小区平均产量（kg）	产量（kg/hm^2）
90	23.10	86.55	4.03	7.35	64.50	9.91	1 651.67
120	24.40	101.40	3.85	7.36	63.70	10.98	1 830.00
150	25.60	113.10	3.78	7.37	62.90	11.89	1 981.67
180	26.90	120.45	3.52	7.35	60.30	11.28	1 800.00
210	28.10	123.15	3.17	7.35	58.20	10.75	1 791.67

从表中可看出，不同播量对豌豆产量构成及性状有影响，其中株高、有效株随播量的增加而增加，但单株结荚、千粒重随着播量的增加而减少，单株生长势及生长量随播量的增加而减弱。每荚粒数随各播量无差异。处理 90.0kg/hm^2 单株发育好，单株有效株及千粒重均高，但由于密度低，土地温光资源利用率低，产量上不去。处理 210.0kg/hm^2 由于密度大，单株发育差，单株有效结荚少，千粒重低，因此产量虽然比 90kg/hm^2 高，但不如处理 120.0kg/hm^2、180.0kg/hm^2，处理 150.0kg/hm^2 因为密度及产量结构合理，所以产量最高。在海原县同等肥力条件下，适宜的播量应 120.0~150.0kg/hm^2，过高或过低均不能达到理想的产量及经济效益。

在青海省平安县以种植箭筈豌豆为主，播量多为 225.0~300.0kg/hm^2。张宏亮等（2010）以对箭筈豌豆等产量有重要影响的播量、施肥、播种方式为研究重点，以获得鲜草高产为目的，得出以下结论：在平安县将箭筈豌豆播量降至 150.0kg/hm^2 左右时，仍然可以获得与高播量同样的鲜草产量，且可以节省 40.0%~70.0% 的种子成本；箭筈豌豆和毛苕子 2 种绿肥作物的产量水平相近，播量也基本相同，但种子成本差别较大，毛苕子的单价几乎比箭筈豌豆的单价高出 1 倍，所以从收获鲜草产量、降低成本等方面考虑，可以优先选种箭筈豌豆。

（2）全国各地箭筈豌豆适宜的播种量和种植密度范围　单播收种用量 60.0~90.0kg/hm^2，单播收草或用作绿肥用量 90.0~120.0kg/hm^2，与燕麦混播，播量按照 2∶3 比例，春箭筈豌豆 2 成燕麦 3 成计算各自的播量。与禾本科牧草混播比例按照 1∶1 的量，与谷类作物的比例为 2∶1。

在青海省海拔为 1 700~4 00m、年均降水量≥ 300mm 以上、≥ 0℃积温达 1 000~1 800℃、生长发育所需最低温度为 3~5℃的范围内种植饲草型箭筈豌豆，

单播播量为 90.0~120.0kg/hm^2，根据自然条件、土壤条件、种植方式，播量根据以下条件调整。

海拔低、土壤肥沃墒情好：播量为 90.0~105.0kg/hm^2；海拔高、土壤贫瘠，播量为 105.0~120.0kg/hm^2；海拔高、干旱地区，播量为 105.0~120.0kg/hm^2；海拔高、盐碱地，播量为 105.0~120.0kg/hm^2。

机械条播：播量为 90.0~105.0kg/hm^2。

人工撒播：播量为 105.0~120.0kg/hm^2。

青海东部农区：水肥条件充足时，可在麦茬地套种或复种，播量为 105.0~120.0kg/hm^2（邓艳芳，2015）。

渭北丘陵山区生产种子的田块，基本苗 120.0 万 ~150.0 万株 /hm^2，播种量 90.0~105.0kg/hm^2；用作饲草的田块，播种量 60.0~75.0kg/hm^2；用作绿肥的田块，播种量 150.0~180.0kg/hm^2（齐来功，2013）。

适量播种：留种田最主要的就是扩大个体营养面积，保持田间通风透光，促使单株健壮生长，增强结实率。在选择播量时应为绿肥掩青播量的一半为宜，即 37.5kg/hm^2。土壤肥沃的田块可酌情减少 10% ~15%（赵永莉）。

4. 播种方式

一般有条播和撒播等方式。刈草地宜条播，行距 30~45cm；采种地条播，行距 60cm；大面积宜撒播。箭筈豌豆属大粒种子，播种深度一般为 4~6cm，播种后镇压。

播种方法主要是犁播、机播和人工开沟。播种应深浅一致，落籽均匀。采用条播或穴播，行距 20~30cm，播种深度 3~4cm。如土壤墒情差，可播深些。混播，可撒播也可条播，条播时可同行条播，也可隔行条播，行距 20~25cm。在一年一熟地区水肥条件充足时，可在麦茬地套种或复种春箭筈豌豆。无论采用任何方式播种，在土壤干旱情况下，播后均需砘压，作用不仅在于使土壤与种子密切结合，防止“漏风闪芽”，而且便于土壤水分上升，有利发芽出苗。滩地和缓坡地随播随砘。坡梁地因受地形限制，一般情况下打砘要比耱地容易获得全苗、壮苗。

甘肃省临夏回族自治州播种沿用当地农耕传统方式：畜力深翻耙磨，人工撒籽，轻耙覆土，耕深 20cm，种子入地 4~5cm（孙爱华，2003）。

播种量：饲草地用种 60.0~90.0kg/hm^2；种子地用种 15.0~60.0kg/hm^2。亦可与禾本科牧草混播，混播比例为 2∶1 或 3∶1。

贵州箭筈豌豆留种田播量30.0~37.5kg/hm^2。种子发芽率高、杂质少、有种植经验的地方以及肥力较高的地块，播种量可酌减，反之则酌增（苟久兰，2012）。

在青海省，条播行距为15~20cm，播带宽3cm，播深3~4cm，不超过5cm，沙质土壤宜深，黏土宜浅；土壤墒情差的宜深，墒情好的宜浅；春季宜深，夏季宜浅。撒播用人工或机械将种子均匀地撒在山区坡地土壤表面，然后轻耙覆土镇压。麦茬地套种或复种箭筈豌豆可采用撒播（邓艳芳，2015）。

渭北坡地以水平开沟播种为好，保留沟垄结构。行距根据坡度而定，15°以下的坡地行距20~25cm，15~25°的坡地行距30~40cm，杜绝撒播种植。播种深度一般为5~7cm，防止播种过深不利出全苗（齐来功，2013）。

四、种植方式

（一）单作

在同一块地，一茬只种一种作物的种植方式。在北方，以收种子为目的的，箭筈豌豆多实行单作。

（二）间作

在同一块地上，同时期按一定行数的比例间隔种植两种或两种以上生育季节相近的作物，这种栽培方式叫间作。间作的两种生物共同生长期长，往往是高棵作物与矮棵作物间作，实行间作对高作物可以相对密植，充分利用边际效应获得高产，矮作物受影响较小，就总体来说由于通风透光好，可充分利用光能和CO_2，能提高20%左右的产量。其中高作物行数越少，矮作物的行数越多，间作效果越好。一般多采用2行高作物间4行矮作物叫2∶4，采用4∶6或4∶4的也较多。间作比例可根据具体条件、作物来定。

卢秉林（2015）介绍甘肃省绿肥的应用模式主要包括麦类作物收获后的套、复种，玉米前期间作，马铃薯绿肥间作，果树绿肥间作和单种绿肥5种方式。箭筈豌豆作为主要的绿肥作物种类，在利用模式的选择上，生育期是关键因素。其中，麦类作物收获后套、复种和玉米前期间作两种利用模式，考虑到甘肃省麦收后的有效空闲期的时间和玉米前期生长缓慢的特点，则需要生育期相对较短的箭筈豌豆品种，而与马铃薯间作则需要早中熟品种，与果树间作和单作时，生育期将不再是决定因素，只要有高的生物产量和籽粒产量即可。

苏箭3号、陇箭1号和333/A的生育期小于120d，属于早熟品种，各种

利用模式均可；山西春箭豌和 MB5/794 的生育期为 120~130d，属于中熟品种，则适宜与马铃薯间作、与果树间作和单作等；西牧 820 和波兰箭豌的生育期在 130d 以上，属于晚熟品种，则只适宜与果树间作和单作两种利用方式。

在中国西北地区，普遍应用燕麦与箭筈豌豆间作生产优质青干草。青海、甘肃等西部冷凉地区，在燕麦与箭豌豆间作生产体系中，燕麦作为箭筈豌豆攀附支撑物，可促使箭筈豌豆获得更大的叶面积和更好的光照条件，箭筈豌豆则可以通过根瘤菌固氮，提高土壤肥力，增加饲草群体蛋白质含量。为了研究不同间作模式的增产效果，陈恭等（2011）2009—2010 年在吉林省白城市采用两因子完全随机区组设计，研究了 2 种行距（A_1：33cm；A_2：16.5cm）和 3 种种植方式（B_1：燕麦单作；B_2：箭筈豌豆单作；B_3：燕麦箭筈豌豆 1∶1 间作）对饲草产量、品质的影响。结果表明，行距减小播量增大时，作物单株重量减小，饲草总产量提高 13%；行距减小播量不变，燕麦单株重量增大，饲草总产量提高 29%；B_3 饲草产量比 B_1 提高 24%，比 B_2 提高 30%；B_3 粗蛋白产量比 B_1 高 1 倍，比 B_2 低 20%；间作使燕麦的株高、单株重和粗蛋白质含量提高，使箭筈豌豆的株高增加，单株重、含氮量降低，节数减少，分枝减少。采用行距 16.5cm、燕麦播量 87.5kg/hm^2、箭筈豌豆播量 75kg/hm^2 的间作处理，全年两茬饲草产量为 19.8t/hm^2，粗蛋白产量为 2.43t/hm^2，可作为白城及气候相似地区饲草生产的基本模式。

黄土高原是中国主要的农业生产区，也是未来畜牧业发展的重点区域。甘肃黄土高原旱塬区近年来逐渐成为甘肃畜产品的重要输出地，随着农区草畜业的兴起，饲草料缺口逐渐增加，秋播饲草植物不但可以利用冬小麦收获后的水热资源，还可以增加地被覆盖。蒋海亮等（2014）研究了在甘肃庆阳黄土高原旱塬区，秋播条件下燕麦与箭筈豌豆 5 个间作比例下的牧草产量和土壤氮素的变化特征，以期确定燕麦间作箭筈豌豆的比例、刈割时间，为甘肃黄土高原旱塬区舍饲畜牧业增加优质饲草料供给、缓解冬春季饲料短缺提供相关技术支持。结果表明，燕麦间作箭筈豌豆的适宜刈割时间在箭筈豌豆的盛花期至收获期，燕麦间作箭筈豌豆在 2∶1 或 1∶1 的比例下，群体总产量在箭筈豌豆盛花期分别比燕麦单播产量提高 30% 和 13%，在收获期则分别提高 30% 和 50%；总相对产量在箭筈豌豆盛花期大于收获期。燕麦间作箭筈豌豆土地利用率较燕麦单播提高了 24% ~69%，各间作比例下群落叶面积指数、截光率以及土壤硝态氮含量无显著差异。

华北农牧交错带是中国畜牧业重要生产区，优质饲草饲料不足是这一地区畜牧业发展的重要限制因素之一。王旭等（2007）于2006年在北京市延庆县康庄镇试验田，以白燕7号，春箭筈豌豆333/A为试验材料，开展了“箭筈豌豆与燕麦不同间作混播模式对产量和品质的影响”的试验，研究在低氮条件下，12种燕麦与箭筈豌豆不同间作与混播模式对饲草产量和品质的影响。试验结果表明：所有处理中，燕麦与箭筈豌豆3∶1间作，干物质产量和粗蛋白产量最高，土地利用率提高了76%。其中干物质产量在灌浆期比单播燕麦增产47%，蜡熟期增产40%；粗蛋白产量在灌浆期分别比单播燕麦和箭筈豌豆增产52.6%和2.6%；在蜡熟期增产97.2%和103.2%，均显著高于单播燕麦和单播箭筈豌豆（$P<0.05$）。燕麦与箭筈豌豆3∶1的间作种植模式在该试验中表现最好，能更好地发挥燕麦和箭筈豌豆的种间互补优势，获得较高的干物质产量，说明间作增产可能与燕麦和箭筈豌豆田间带距和行距比的合理搭配有关。

（三）套种

套种主要是在同一块地上，在一种作物生长的后期，种上另一种作物的种植方式，其共同生长的时间短，是一种解决前后茬作物间季节矛盾的复种方式。

套种的主要作用是争取时间以提高光能和土地的利用率，多应用于一年可种2季或3季作物，但总的生长季节又略显不足的地区。实行套种后，两种作物的总产量可比只种一种作物的单作产量有较大的提高。套种有利于后作的适时播种和苗全苗壮；在一些地方可以躲避旱涝或低温灾害；还有助于缓和农忙期间用工矛盾的作用。

贵州省福泉市土肥站的王国友（2011）研究了箭筈豌豆套种对小麦、玉米等作物产量和土壤有机质、全氮、碱解氮、速效磷、速效钾等养分的影响，结果表明：分带套种绿肥对当季小麦产量没有影响。绿肥翻压后种植玉米能明显提高玉米单产，其增产率达10%以上的显著水平。种植绿肥后能显著增加土壤有机质，氮素养分含量。土壤中的速效磷、速效钾养分含量则相反，有明显的减少，说明在种植小麦、绿肥和玉米时，必须适时，适量施用速效磷、速效钾肥料，达到增加绿肥鲜草产量和作物产量，保持土壤养分的动态平衡，改良土壤，培肥地力的目的。

在西藏中部农区一般在7月中下旬收获冬播作物，来年的冬播作物要在9月下旬播种，其间有约60 d的时间土地空闲，而这段时间雨、热资源丰富。刘国一（2005）通过不同密度冬小麦（设置了5个处理，将原大田中冬小麦密度定为

1，采用割去一部分小麦的方式使试验小区小麦密度分别达到原大田中的66%、50%、33和0%）套种箭筈豌豆和不同箭筈豌豆播期试验（3个不同播期处理，处理1播期为7月6日，处理2在7月16日，处理3在7月26日），认为西藏中部农区在冬小麦灌浆时期套种箭筈豌豆较为适宜，这样既不影响冬小麦产量又能充分利用水、热、田地等资源使箭筈豌豆的产草量达到最大值。

（四）轮作

轮作（croprotation）是指在同一块田地上，根据各种作物的茬口特性，有顺序地在季节间或年间轮换种植不同的作物或复种组合的一种种植方式，是用地养地相结合的一种生物学措施。有利于均衡利用土壤养分和防治病、虫、草害；能有效地改善土壤的理化性状，调节土壤肥力，是“绿色”，低成本农业措施。

中国早在西汉时就实行休闲轮作。北魏《齐民要术》中有“谷田必须岁易”“麻欲得良田，不用故墟”“凡谷田，绿豆、小豆底为上，麻、黍、故麻次之，芜菁、大豆为下”等记载，已指出了作物轮作的必要性，并记述了当时的轮作顺序。长期以来中国旱地多采用以禾谷类为主或禾谷类作物、经济作物与豆类作物的轮换，或与绿肥作物的轮换，有的水稻田实行与旱作物轮换种植的水旱轮作。

欧洲在8世纪前盛行二圃式轮作，中世纪后发展为三圃式轮作。18世纪开始草田轮作。19世纪，李比希提出矿质营养学说，认为作物轮换可以均衡利用土壤营养。20世纪前期，威廉斯提出一年生作物与多年生混播牧草轮换的草田轮作制，可不断恢复和提高地力，增加作物和牧草产量。轮作因采用的方式不同，分为定区轮作和非定区轮作。轮作的命名决定于该轮作中的主要作物构成，被命名的作物群应占轮作区的1/3以上。常见的有禾谷类轮作、禾豆轮作、粮食和经济作物轮作，水旱轮作、草田轮作等。

将豆科牧草引入农田，种植数年再改种粮食或其他作物，或者豆科牧草与粮食或经济作物复种、套种或间混种植。草田轮作是牧草生产与粮食或其他作物生产的结合。就人工草地而言，参与轮作草地多以单播多年生牧草为主，以及一部分多年生混播人工草地（割草地或放牧地）和一年生或越年生牧草。草田轮作主要在半农半牧区和农区展开。某些农业发达的国家，将这种耕作制度发展成为草地农业，即草地占农田30%以上，甚至有的草地超过农田的面积。中国草田轮作的历史悠久，如紫花苜蓿在农田种植已有2000年的历史，但发展缓慢，至今全国的苜蓿种植面积仅为134万 hm^2。而与中国国土面积和草地面积相似的美国，仅有200多年苜蓿的种植史，而苜蓿面积已达1 067万hm^2。近年来，中国农区、半农半牧区的草田轮作正在发展，开始接受草地农业的新概念，由传统的农业二元种植结构向三元种植结构发展，预示着中国大农业发展的必然趋势。

从农作物栽培上来分析，实行草田轮作的作用是：第一，促进了农牧结合。它既是提高农业、畜牧业的有效措施，又成为农牧结合的纽带；第二，可以均衡地利用土壤养分。作物从土壤中吸收多种养分的数量和比例，因作物种类不同，差异很大。春小麦多吸收易溶性的磷，而马铃薯、莜麦、豆类却能靠自己根系分泌的有机酸溶解难溶性磷来供自己利用。禾谷类作物根系分布较浅，多利用耕层的表墒，而豆科、马铃薯等深根系植物则可利用深层的土壤水分。各种作物对土壤中的各种营养元素的要求也不同，不同深度土层的营养元素和营养元素的不同形态亦有差别。因而在同一块土地上，有计划地实行轮换种植不同的作物，就可以更好地利用和平衡土壤中的养分和水。如果连续栽培对上壤养分要求倾向相向的作物，会使土壤中的特定养分过量消耗，而成为增产的限制因子。将箭筈豌豆等豆科绿肥（牧草）加入轮作周期，是南北方都应用的用地养地结合、持续增产的技术措施。

（五）不同种植方式应用地区和条件

湘、鄂、皖、赣等省晚稻收后于1月上旬耕翻播种苏箭3号、大荚箭豌等品种，翌年4月压青。

在江淮地带与苏北滨海地区，可在棉花、玉米、甘薯等作物播种前早春间、套种一茬箭筈豌豆作绿肥，也可与玉米间作留种。在沿江的麦—玉米两熟制和麦—玉米、稻三熟制中，可采用麦类与箭筈豌豆间作，作为玉米或水稻的底肥。苏、浙、湘、赣、闽、豫等省在经济林园中发展种植箭筈豌豆等草类，起到覆盖稳温保墒、抑制杂草、提高土壤肥力、促进增产、改善果品质量的作用，效果甚佳。在陕西、甘肃、青海、山西等省高寒地区多以小麦、马铃薯、燕麦与箭筈豌豆轮作，用以收籽或刈青作饲料，根茬肥地。在西北春麦灌区采用麦田套种、麦收后复种箭筈豌豆，生产一茬秋绿肥饲料，实行“麦草轮茬”，广开饲源，根茬肥地，农牧结合，综合利用，效益显著。

五、田间管理

（一）中耕

如在出苗前遇雨，要及时耙耱破除板结，出苗后至开花期中耕1~2次疏松

土壤，消灭杂草。箭筈豌豆苗期一般除草两次，第一次苗高5~7cm时，第二次苗高20~30cm时，松土除草在开花期前完成。

春箭筈豌豆抗逆性强，固氮能力强，不需要很多的肥料，但由于其幼苗生长缓慢，应注意及时进行中耕除草，当苗高2~3cm时进行第一次中耕，宜浅锄。此次中耕不仅能松土除草，切断土壤表层毛细管，减少水分蒸发，防旱保墒，而且能促进根系发育，形成发达的根系，且防止杂草压苗。第二次中耕宜在分枝阶段，此时正是营养生长和生殖生长及根系伸长的重要时期，所以，必须深锄。此次中耕，有利于消灭田间杂草，破除板结，促进新根生长和向下深扎，使根系吸收水肥范围扩大。开花成熟期的田间管理，其主要任务是防止叶片早衰，提高光合功能，使其能正常进行同化作用，促进营养物质的转运积累，提高结荚率，保证正常成熟。

控制徒长有利协调营养生长和生殖生长的矛盾，这是箭筈豌豆获得高产的关键。在化控时要根据其生长势灵活掌握，一般可进行3次，冬前如个体发育旺盛，越冬期植株已罩严地皮，且当时气温高于15℃以上时，可用15%多效唑可湿性粉剂300.0g/hm^2，对水300.0kg，控制作物距顶端60~70cm，快速喷打顶部，植株未罩严地皮的田块勿喷、气温低于10℃以下时勿喷。第二次在早春返青后，植株已罩严地皮，气温已回升到15℃以上时，用15%多效唑450g/hm^2，对水450.0kg喷打顶部，未罩严地皮的可缓喷。第三次在盛花后，用15%多效唑600.0g/hm^2、对水450.0kg，全株普喷。在喷施多效唑时一定要留意：长势差、温度低于10℃以下、相对湿度低于70%时应缓喷或不喷（赵永莉，2009）。

（二）施肥

1. 基肥和种肥

春箭筈豌豆是一种既喜肥又耐瘠的作物。其根系比较发达，有较强的吸水能力。增施肥料有显著的增产效果。施肥要实行有机肥为主，化肥为辅，北方种植区基肥为主，追肥为辅；南方种植区基肥、追肥并重，分期分层施肥的科学施肥方法。

（1）基肥　基肥也叫底肥，即播种之前结合耕作整地施入土壤深层的基础肥料。一般多为有机肥，也有配合施用化肥的。在山西省大同市的高寒山区，常用的有机肥多为有机复合肥11~15t/hm^2，在土壤缺磷情况下，可用磷肥单作基肥或与有机复合肥混合做基肥施用。

（2）种肥　由于春箭筈豌豆耕作粗放，有机肥用量不足，土壤基础养分较低，供应不足，不能满足其苗期生长发育对主要养分的需要。因此，最好播种时将肥料施于种子周围，增施种肥。化肥主要有复合肥、磷酸二铵复合肥、尿素、和过磷酸钙等。耕深 18~20cm。播前需精细整地，耙耱平整地面，施种肥磷酸一铵或过磷酸钙 298.5~375.0kg/hm^2，促进幼苗生长。不同区域施肥种类和数量不同（王雁丽等，2013）。

临夏回族自治州，播前施过磷酸钙 150.0kg/hm^2 为种肥，施农家肥 3 000.0kg/hm^2 为底肥（孙爱华，2003）。在西南地区，精细整地，施用有机肥 22.5t/hm^2 和过磷酸钙 150.0~225.0kg/hm^2 作底肥（徐加茂，2012）。施肥符合 NY/T496—2002，肥料《合理使用准则通则》。基施以磷肥、钾肥为主。在播种前 1 周内，施 $P_2O_5$30.0~37.5kg/hm^2，K_2O30.0~45.0kg/hm^2，撒施或条施作基肥（苟久兰，2012）。

在渭北丘陵山区，箭筈豌豆生育期短，可结合播前浅耕整地一次性施入底肥。磷肥在土壤中移动性较差，施用时必须粉碎，如与碳酸氢铵配施要随混随施，不可放置过久，一般施过磷酸钙 45.0~60.0kg/hm^2，碳酸氢铵 45.0~75.0kg/hm^2（齐来功，2013）。

在宁夏回族自治区海原县，以底肥一次施用为主，增施磷肥，一般施有机肥 22.5~30.0t/hm^2 过磷酸钙 300.0~450.0kg/hm^2，碳酸氢铵 45.0~75.0kg/hm^2，草木灰 600.0~750.0kg/hm^2 作基肥（如缺少农家肥可施磷酸二铵 150.0kg/hm^2 作基肥，结合播前浅耕整地施入）。播种时施磷酸二氨等复合肥为种肥，促进幼苗生长（屈海琴，2012）。

2. 追肥

春箭筈豌豆在生长过程中对土壤磷的消耗较多，在分枝期、青荚期这 2 个关键时期需要大量的营养元素，在此时应适量追肥，给土壤补充一定数量的养分，追肥宜用速效氮肥如尿素 38.0~60.0kg/hm^2（王雁丽等，2013）。出苗后若苗长势较弱，施 N21.0~27.0kg/hm^2（苟久兰等，2012）。结荚时期为需肥高峰期，可在花蕾和盛花末期叶面喷施 1 次 300 倍液的农人液肥及 TA 增产粉和漯效王、免追王等 1 000 倍液，增产效果更显着（赵永莉，2009）。混播草地在禾本科牧草分蘖或拔节期结合灌溉或降雨，追施氮肥（N46%）75.0~150.0kg/hm^2。单播草地在箭筈豌豆苗期和分枝期，结合灌溉或降雨进行追肥，以磷、钾肥为主，氮肥为辅，施用磷、钾复合肥，用量为 75.0~150.0kg/hm^2（邓艳芳，2015）。

3. 生物菌肥的利用

（1）箭筈豌豆根瘤菌的形态特征　根瘤菌（*Rhizobium*）是一类可与豆科作物相互作用形成共生固氮体系的革兰氏阴性杆状细菌。这种共生体系具有很强的固氮能力，可以通过固定大气中游离的氮气，为植物提供氮素养料，一方面，达到了作物增产及培肥地力的重要作用；另一方面，减轻了化肥生产带给环境污染的压力与威胁，对中国农业的可持续发展起到不可替代的作用。据统计，每年全球估计有 2.0 亿 t 氮来源于生物固氮，其中仅有 25%由其他非共生固氮生物所固定，而根瘤菌与豆科植物所固定的氮约占生物固氮总量的 65%。

箭筈豌豆的栽培技术、生长条件、遗传规律和有毒成分已有不少研究，但国内外对箭筈豌豆根瘤中根瘤菌（细菌）形态变化的详细报道很少见，而这种变化与侵染细胞发育和共生固氮密切相关，韩善华（1991）对箭筈豌豆根瘤中根瘤菌的形态变化进行了观察。

箭筈豌豆根瘤中有大量细菌位于侵入线中。这些细菌体积较小，形态单一，除杆形细菌外很少有其他形状的细菌。它们的细胞质和拟核区染色较深，没有细菌周膜，而且也不含多磷酸盐颗粒和多聚 β 羟基丁酸盐颗粒（PHB）。这在一般根瘤的侵入线细菌中还不常见，说明箭筈豌豆根瘤中的细菌在结构上有其自己的特点。

根瘤中的绝大部分细菌是位于侵染细胞里面，它们的形态多种多样，虽然不同成熟侵染细胞之间细菌形态差异很大，但它们都以杆形、V 形、Y 形、T 形、Z 形和 π 形细菌较为常见。其中以杆形细菌为数最多，约占细菌总数的 75%。

刁治民（2000）对救荒野豌豆（*V.sativa* L.）的研究指出，根系在自然条件下容易结瘤，而且结瘤数量多，在开花期取样测定，平均每株鲜瘤可达 21.4g，主根上的根瘤占总瘤重的 28%，而侧根上的根瘤占 72%。幼瘤较小，为圆柱形或椭圆形，表面平滑。成熟壮瘤大多发展为复合瘤，瘤的一端有 2~3 个分叉，或成姜状，大瘤也有呈珊瑚状或鹿角状，表面粗糙，一般为白色或黄白色，基部带有蓝绿色。大瘤长达 0.7cm，宽 0.6cm。复瘤的鲜重占总瘤重的 65.8%，而小瘤只占 34.2%。

金志培（1981）以大荚箭豌、B65、FAO、740、333/A、66-25（CK）六个品种为材料，进行了箭筈豌豆根瘤固氮活性的研究，定点测定了供试品种根瘤的形态、数量、质量和固氮活性，以及大荚箭豌根瘤固氮活性的消长过程。

根瘤的形态、固氮活性大体上可分两种类型。一种是单瘤固氮为主的类型，如大荚箭豌、333/A、FAO，单瘤总的固氮能力大于复瘤，以单株根瘤的固氮活性为100，则单瘤约占75%，复瘤约占25%。另一种是单瘤、复瘤固氮并重的类型，如BOS、66-25、740，单瘤与复瘤的固氮活性大体接近，分别占54%及46%；同一品种在不同的年份，由于气候条件的影响，根瘤的生长发育和固氮活性的起落会产生相应的变化；单株根瘤的固氮能力在品种之间有一定差别。

一般在出苗后15d左右，出叶2~3片时开始形成根瘤。幼苗期发育的根瘤多为单瘤，生长一个月后开始形成少数复瘤。根瘤在苗期就有一定的固氮能力。随着生育期的进展，到返青或伸长期根瘤的固氮活性达到高峰，现蕾以后开始明显下降。从6个品种生长期间系统测定看出，根瘤固氮活性的有效时间主要集中在营养生长阶段（苗期—现蕾前），且生长前期的活性强度比后期大得多。例如，大荚箭豌现蕾前单株根瘤的固氮活性为79.88μg，现蕾后仅0.53μg。苗期的根瘤数量和重量比现蕾期显著较少，但其固氮活性甚强。例如333/A，苗期比现蕾期单株根瘤数和根瘤重分别少55.0%、47.0%，而单株根瘤的固氮活性则高3倍多。据推算，6个品种在营养生长阶段的根瘤固氮量占总固氮量的97.53%~99.98%，而生殖生长阶段的固氮量只占0.02%~2.47%。

根瘤数量、质量的变化，与根瘤的固氮活性有一定的关系，6个品种表现的趋势是一致的。据对大荚箭豌的分析测定，根瘤的固氮活性强弱与根瘤生长发育的起落一般呈正相关，根瘤生长量的高峰一般也是单株根瘤固氮活性的高峰。生育后期，随着根瘤的衰败，根瘤的活性不断减弱。到盛花期单株根瘤数比返青期下降99%，单株根瘤的固氮活性基本消失。根瘤菌与豆科植物形成的固氮共生体是生物固氮中最强的体系，其固氮量约占生物固氮总量的65%以上，对农业生产有重要意义。共生固氮可以为宿主植物提供氮素，从而提高作物产量、改善作物品质、提高土壤氮素含量。提高豆科绿肥及饲草固氮效率，是提高鲜草产量、减少化肥用量、减缓能源压力、降低过量施用化学肥料造成的环境污染的有效途径。

（2）根瘤菌对箭筈豌豆结瘤固氮的影响　付萍（2016）在温室中低氮营养液培养条件下，用3株不同根瘤菌菌株对3个箭筈豌豆品种进行结瘤固氮效果的研究。结果表明，与不接菌处理相比，根瘤菌接种可显著促进箭筈豌豆的单株株高、根长、根瘤数、根瘤鲜重、植株全氮含量以及固氮酶活性，所用菌株以CCBAU01069促生，固氮效果最佳。

① 不同根瘤菌菌株对箭筈豌豆株高的影响：箭筈豌豆植株接菌后，其株

高与对照之间差异显著（$P<0.05$），其中以 CCBAU01069 菌株效果为最佳，CCBAU01085 效果次之。

兰箭 1 号分别接种 CCBAU01069、CCBAU01085 和 J3 根瘤菌后，平均株高分别增加至 100.23、88.75 和 82.08cm，比对照（71.66cm）分别增加了 39.87%、23.85%和 14.54%。

兰箭 2 号平均株高分别增加至 87.00、75.75 和 68.65cm，比对照（60.83cm）分别增加了 43.02%、24.53%和 12.86%。

兰箭 3 号平均株高分别增加至 77.95、70.05 和 62.60cm，比对照（52.83cm）分别增加了 47.55%、32.60%和 18.50%，可见，低氮生长条件下接种根瘤菌对箭筈豌豆的株高有一定促进作用。

② 不同根瘤菌菌株对箭筈豌豆根长的影响：根瘤菌接种对箭筈豌豆植株根长的生长也有一定程度的促进作用，且除接种 CCBAU01085 的兰箭 2 号外，各处理均显著高于对照（$P<0.05$）。接种 CCBAU01069、CCBAU01085 和 J3 根瘤菌后，兰箭 1 号的根长分别为 28.30、22.35 和 23.45cm，与对照（18.63cm）相比，其根长分别增加了 51.91%、19.97%和 25.87%。

兰箭 2 号的根长分别为 26.95、21.90 和 22.89cm，比对照（18.80cm）分别增加了 43.35%、16.49%和 21.76%。

兰箭 3 号根长分别为 26.30、22.38 和 20.63cm，与对照（17.95cm）相比，分别增加了 46.52%、24.68%和 14.93%。可见，接种根瘤菌可提高箭筈豌豆植株的根长，且不同的菌系与箭筈豌豆的共生有效性有明显的差异。

③ 不同根瘤菌菌株对箭筈豌豆根瘤数及根瘤重的影响：根瘤数与根瘤重是反映共生固氮体系相互作用时结瘤的能力。接种 3 种根瘤菌菌株可显著提高箭筈豌豆的结瘤能力（$P<0.05$），但不同的箭筈豌豆品种接种不同的根瘤菌后其根瘤总数与根瘤菌鲜重差异较大。其中接种 CCBAU01069 后，兰箭 1 号、兰箭 2 号、兰箭 3 号结瘤能力效果最好，单株根瘤数与根瘤鲜重分别达到 17.25 个与 0.320g、18.25 个与 0.263g、15.70 个与 0.155g，其他菌系的结瘤能力依次为 CCBAU01085、J3，各处理均与对照之间有显著差异。除兰箭 3 号 CCBAU01085 与 J3 菌株间根瘤鲜重差异不显著外（$P>0.05$），兰箭 1 号和兰箭 2 号植株各处理间根瘤数和根瘤鲜重均差异显著。

④ 不同根瘤菌菌株对箭筈豌豆固氮酶活性及植株全氮含量的影响：接种根瘤菌后 3 种箭筈豌豆的固氮酶活性以及植株全氮含量显著高于对照（$P<0.05$），

但不同的菌种间有差异，其中以 CCBAU01069 的效果最佳。不接菌处理下，兰箭 1 号、兰箭 2 号和兰箭 3 号固氮酶活性依次为 1.6、1.8 和 2.35μg/（g·h）。分别接种菌株 CCBAU01069、CCBAU01085 和 J3 后，兰箭 1 号的固氮酶活性依次为 57.13、43.80 和 40.33μg/（g·h）。兰箭 2 号的固氮酶活性分别为 55.22、42.06 和 38.14μg/（g·h）。兰箭 3 号固氮酶活性值各为 59.03、47.16 和 46.53μg/（g·h）。植株全氮含量与对照相比也显著增加，兰箭 1 号植株全氮含量分别增加了 75%、34% 和 25%，兰箭 2 号植株全氮含量分别增加了 69%、42% 和 47%，兰箭 3 号植株全氮含量分别增加了 78%、56% 和 37%。

研究结果表明，接种有效根瘤菌菌株可增加箭筈豌豆根瘤数量和根部的固氮量。而用于本研究的 3 株根瘤菌菌株，都可与 3 个箭筈豌豆品种进行共生匹配、结瘤固氮，但固氮结瘤能力和对促进植物生长的作用却存在差异。在同一低氮条件下，3 株根瘤菌菌株并不能使同一箭筈豌豆品种获得相同的接种效果，从接种后箭筈豌豆的生长效应（单株株高、根长）、固氮效应（平均根瘤数、根瘤重）、植株全氮含量以及固氮酶活性指标来看，同一箭筈豌豆品种分别接种 3 种根瘤菌后，两者之间存在着一种最佳相互匹配的关系，这样才可获得最佳固氮效果，在马晓彤的研究中也有相似的结果。在不接菌处理中也有根瘤的形成，但与各处理相比数量差异较大，可能是箭筈豌豆种子自身携带根瘤菌，还需进一步试验证明。

（3）箭筈豌豆根瘤菌的筛选及其共生体耐盐性　土壤盐碱化是国内外普遍存在的问题。中国盐碱化耕地超过 $1.5 \times 10^9 hm^2$，在青海省等西北干旱半干旱地区分布面积大。土壤盐分胁迫对结瘤和固氮作用的影响在部分研究中有报道，盐分对固氮作用的不利影响通常与盐胁迫所造成的植株干重及氮含量的下降直接相关，在土壤盐分胁迫条件下对共生固氮而言最好的结果就是宿主、根瘤菌以及两者的交互过程均表现为对盐分的适应。

青海地区是典型的大陆性高原气候，地形复杂、地貌多样、生物种类多，是一个巨大的基因库。在青海省，箭筈豌豆种植广泛，且多与小麦、油菜轮作，不但可作绿肥，还可以刈青作饲料和收籽作种子。在青海等西北地区，土壤盐渍化也是农业面临的重大问题之一。王雪翠等（2016）在对青海地区箭筈豌豆根瘤菌分离和初筛的基础上，对初筛获得的根瘤菌进行了耐盐性研究。

根瘤菌结瘤效果：利用水培回接法测定了 62 个处理的有效结瘤数、有效瘤重、植株鲜重等指标。筛选出根瘤菌结瘤效果较好的五种菌株，其中菌株 J1-

3-2 得分最高，对促进箭筈豌豆生长结瘤效果最好；其次为菌株 J2-6-2、J4-3-3、J5-5-3 和 J3-12-1。

根瘤菌耐盐性：供试 5 菌株在离体耐盐性上综合表现出明显的 3 个类型，即菌株 J3-12-1 和 J2-6-2 随 NaCl 浓度的增加，相对 OD600 值下降较缓，表现出较强的耐盐性，菌株 J1-3-2 和 J4-3-3 居中，菌株 J5-5-3 最差。

根瘤菌 - 箭筈豌豆共生体耐盐性：选择上述 3 个类型中的各 1 株根瘤菌，即 J1-3-2、J3-12-1 和 J5-5-3 用于根瘤菌 - 箭筈豌豆共生体耐盐性盆栽试验。

NaCl 浓度对箭筈豌豆结瘤数的影响：接种 3 株根瘤菌处理都能增加箭筈豌豆植株根部结瘤数，结瘤数随根瘤菌种类和 NaCl 胁迫强度的不同而不同。同时，随着盐胁迫程度的增强，3 种共生体结瘤数表现出减少的趋势。在无盐胁迫和 0.15% NaCl 胁迫下，接种 J5-5-3 结瘤数最多，接种 J1-3-2 结瘤数最少；在 0.30% NaCl 胁迫下，接种 J1-3-2 结瘤数最多，接种 J5-5-3 结瘤数最少。可见，根瘤菌 J5-5-3 在低盐胁迫下促结瘤能力较强；J1-3-2 在高盐胁迫下有促结瘤的趋势。

NaCl 浓度对箭筈豌豆株高的影响：各根瘤菌—箭筈豌豆共生体株高随盐胁迫程度的增强而降低。在无盐胁迫下，接种 J3-12-1 共生体株高显著大于对照（$P<0.05$）；接种 J1-3-2 和 J5-5-3 与对照相比没有显著性差异（$P>0.05$）；分别在 0.15% 和 0.30% NaCl 胁迫下，接种 J3-12-1 共生体株高均显著大于对照（$P<0.05$）。

NaCl 浓度对共生体干生物量的影响：不同共生体干重随 NaCl 胁迫程度的增强而降低。在无盐胁迫下，J3-12-1 和 J5-5-3 共生体干重显著高于对照，分别比对照提高了 28.02% 和 13.59%，其中 J3-12-1 达极显著水平（$P<0.01$）；在 0.15% NaCl 胁迫下，J3-12-1 和 J5-5-3 共生体干重分别比对照高 66.40% 和 20.72%，并且差异达到极显著水平（$P<0.01$）；在 0.30% NaCl 胁迫下，3 种接种处理对提高植株干重都没有显著效果（$P>0.05$）。

NaCl 浓度对箭筈豌豆含氮量和吸氮量的影响：箭筈豌豆含氮量随着盐胁迫程度的增强表现出降低的趋势。在无盐胁迫和 0.15% NaCl 胁迫下，接种 J5-5-3 对提高植株含氮量都有极显著效果（$P<0.01$），比对照分别提高了 3.07% 和 5.43%，接种其他 2 菌株对提高植株含氮量没有显著效果。在 0.30% NaCl 胁迫下，接种 J1-3-2、J3-12-1 和 J5-5-3 能使植株含氮量分别提高 2.35%、

0.92%和4.48%。可见，在试验条件下，J5-5-3对提高盐胁迫下箭筈豌豆含氮量效果最好。

（4）根际促生菌筛选及其接种剂对箭筈豌豆生长影响　植物根际促生菌（PGPR）是一类定殖于植物根际，可通过固定空气中的氮气（即生物固氮）或溶解土壤中不能被植物直接吸收利用的磷素（即生物溶磷）或产生植物生长激素刺激植物生长以增强其吸收矿物营养和水分的能力，从而促进植物生长的有益菌。自1978年Burr和Schroth在马铃薯上率先报道PGPR以来，大量的研究事实证实PGPR广泛存在于多种植物。近年来，国内外学者已从一些植物根际分离筛选出大量高效优良的根际促生菌株，利用优良促生菌株研制的“环境友好型”接种剂还可改良土质，增进土壤肥力，维持土壤健康，是发展生态农业的理想肥料。

马文彬等（2014）通过测定分离自箭筈豌豆和玉米根际4株细菌的固氮酶活性、溶磷量及分泌生长素能力，将其制成植物根际接种剂，并结合半固体培养试验测定接种剂对箭筈豌豆生长及根系形态的影响。结果表明，菌株J3-1、J1-15和Y16具备溶磷和分泌生长素能力，J1-15的溶磷能力最强，为548.9mg/L，Y16分泌生长素能力最好，达17.8μg/mL，且菌Y16具较强固氮能力，J3固氮酶活性为366.51C_2H_4nmol/（mL·h）。与对照组相比，单一菌株制备的接种剂处理（Y16）可使箭筈豌豆地上生物量、地下生物量分别显著增加104.5%和254.1%（$P<0.05$），复合接种剂处理F（J3-1+J1-15+Y16+J3）使箭筈豌豆地上和地下生物量分别增加76.1%和192.3%。综合各指标，复合接种剂处理效果明显优于单一接种剂，处理F可使箭筈豌豆株高、根长、根表面积、根体积、根系活力，分别较对照增加29.4%、70.0%、174.0%、194.6%和38.3%。这主要是由于菌种间的互作效应造成的。

（5）无外源氮素条件下接种促生菌对箭筈豌豆生长及根系特性的影响　马文彬等（2015）利用已筛选的优良促生菌株研制微生物接种剂，在无外源氮素条件下测定其对箭筈豌豆生长及根系特性的影响。结果表明：无外源氮素条件下，接种研制的优良促生菌接种剂对箭筈豌豆地上及根系生长有显著促进作用，箭筈豌豆株高、生物量、部分根系形态学指标（根长、根表面积、根体积及根平均直径）以及根系活力等均显著提高。不同处理中，复合接种剂效果优于单一接种剂。复合接种剂中，处理D（根瘤菌+联合固氮菌+溶磷菌：G3+Y16+J3-1）效果最佳，其对箭筈豌豆株高、地上生物量、地下生物量、根长、根表面积、根体积、根平均直径及根系活力分别较对照增加45.75%、177.16%、211.69%、

73.7%、238.9%、199.2%、12.4%和44.2%。虽然单一根瘤菌剂（G3）表现出与D处理相近的促生效果，但D处理对根系活力提高显著，所以推荐根瘤菌+联合固氮菌+溶磷菌株的复合接种剂作为后期研制箭筈豌豆生物菌肥的最佳菌株组合。

（6）接种剂对箭筈豌豆根系形态及根系活力影响　根系形态特征与植物利用土壤养分的效率密切相关，养分亏缺条件下，根系形态构型参数有敏感的适应性变化，多数研究证实，植物适应低氮胁迫的重要机制之一是对根系发育的促进作用，这反过来也会帮助植物对营养元素的吸收，如低氮有利于玉米根系纵向伸长，表现为总根长、平均根长显著增加；不施氮情况下，根长、根表面积和根体积均高于低氮处理；曾秀成等对大豆缺素培养的研究表明，缺氮处理下大豆总根长和根表面积显著降低。另有研究证实，缺氮处理显著降低黄芪根系活力及根体积，研究结果表明接种剂对根系生长可以起到良好的促进作用，主要表现在根长、生物量、根表面积、根体积及根平均直径等形态学变化上，在无外源氮素条件下通过根瘤菌的共生固氮和联合固氮菌的联合固氮作用，提供植物生长所需氮素，其中D（G3+Y16+J3）处理对根长、根系表面积和根体积促进作用最为明显，其次为A（G3）处理，但各处理对根系活力影响各异，这与根瘤菌剂及菌种互作效应密不可分。此外，接种处理侧根发达，可能与促生菌剂可以增加根系分枝强度有关，从而使根系有较大的接触面积，这与根系形态的变化相一致。各接种处理根系直径均有不同程度增粗，一方面，由于植株供氮不足，而直径增粗可降低由供氮不足引起的细根衰老和死亡的几率，这是植物对低氮胁迫的响应，另一方面，根瘤菌剂含量高的处理（G3和G3+Y16+J3）直径增粗不及Y16和J3-1+Y16处理，说明A（G3）和D（G3+Y16+J3）处理氮素含量高于B（Y16）和C（J3-1+Y16）处理，因此，根系直径的增粗归因于植株对低氮胁迫的响应和生物量的积累，这也进一步证实接种适宜根瘤菌是提高固氮能力的重要措施。所以，根瘤菌+联合固氮菌+溶磷菌株的复合接种剂有望成为后期研制箭筈豌豆生物菌肥的最佳组合。

（三）灌溉

1. 灌溉时期和方法

适时灌水是获取较高生物量的关键因子之一。一般在苗期、分枝盛期和结荚期灌溉；在刈青后灌溉。

2. 分枝盛期和结荚期灌溉的作用

春箭筈豌豆性喜温凉气候，抗寒能力强，在生长过程中，根据其各个阶段需水，进行科学灌水。在灌区要重视分枝期和结荚期的灌水，这对籽实产量影响极大。在这一阶段植株的地上部分进入分枝期，决定其枝的群体结构；植株的地下部分进入次生根的生长期，决定其根系是否发达。因此，在这一阶段需要大量水分，分枝盛期和结荚期需要大量水肥，应及时浇水施肥。宜早浇，且要小水饱浇。

早浇分枝水，第一次浇水应在植株3~4片叶时进行。测产结果表明，分枝盛期（8月21日）灌1次水，分枝盛期和茎繁叶茂期（9月17日）各灌1次水，灌1次水的混播比对照增产28.42%；灌2次水的混播比对照增产46.83%（王雁丽等，2013）。

3. 节水灌溉方法

有灌溉条件地块视需水情况在出苗后5~7d内灌水，在10%~50%茎上有可见花蕾时视土壤墒情进行灌水，整个生育期需灌水2~3次；水量不宜过大，应速灌速排，切忌渍水，地下水位较高地块注意开沟排渍（邓艳芳，2015）。

（四）防病、治虫、除草

1. 常见病害与防治

（1）常见病害种类　箭筈豌豆目前尚未发现有毁灭性病害，病害主要为叶斑病、白粉病、锈病、根腐病、霜霉病等。

（2）防治措施　可用50%多菌灵或70%甲基托布津可湿性粉剂800~1 000倍液喷洒；也可用32%克菌或菌无菌（乙酸酮）1 500~2 000倍液喷洒，7天1次，连喷2次。

整地前撒施石灰600.0~750.0kg/hm^2，调整土壤pH值，预防土传病害。栽培时若发现病害，应及时拔除病株，或摘除病叶和病荚，集中处理。

针对白粉病选用抗病品种；牧草收获后，在入冬前清除田间枯枝落叶，以减少翌年的初侵染源；发病普遍的草地提前刈割，减少菌源，减轻下茬草的发病；少施氮肥，适当增施磷、钾肥，含硼、锰、锌、铁、铜、钼等微量元素的微肥，以提高抗病性。针对锈病选用抗病品种，适时播种，合理密植，及时开沟排水，及时整枝，降低田间湿度，在锈病大发生前收获。针对根腐病选用抗病品种，实行轮作或与禾本科牧草混播，及时排水和搞好田间卫生。针对霜霉病选用抗病品种，合理排溉，草地积水时，应及时排涝，防止草层湿度过大；增施磷肥、钾肥

和含硼、锰、锌、铁、铜、钼等微量元素的微肥；铲除田间杂草及系统受害的箭筈豌豆单株。

2. 常见虫害与防治

（1）蚜虫

形态特征：蚜虫有有翅蚜和无翅蚜两种：有翅蚜体长约5mm，翠绿色，复眼红色，足细长，触角和足的末端黑褐色。无翅蚜翠绿色，体长4.5~5mm。

生活史：在南方以无翅蚜、成虫越冬，在北方以卵在苜蓿、三叶草、山藜豆等植物上越冬。早春先在这些植物上繁殖危害1~2代，然后迁飞到豌豆上，3月以后开始为害。成虫寿命20~28天，1头蚜虫可产卵100粒。春季气候温暖，雨量适中偏旱，有利于蚜虫发生，温度低和多雨季节则为害较轻。

为害症状：蚜虫以成蚜、若蚜吸食叶片、嫩茎、花和嫩荚的汁液。它多为害嫩尖，严重时叮满植株各部，造成叶片卷缩、枯黄乃至全株枯死；同时传播病毒病，造成减产。

发生时期：春播区发生较轻，秋播区较重。春季3月起到冬季11月前，蚜虫都能繁殖。

（2）潜叶蝇

形态特征：成型熟虫形状类似小型蝇子，约2mm，首段成黄色，眼部为褐色，腹部灰色，角是黑色，同足部，多长着又细又长的毛。翅透明，有彩虹光泽。雌虫腹部大，末端有漆黑色产卵器。卵长0.3mm，长椭圆形，乳白色。幼虫蛆状，长3mm，长圆筒形，低龄体乳白色，后变为黄白色，身体柔软透明，体表光滑。蛹长2~2.6mm，长椭圆形，黄褐色至黑褐色。

生活史：为多发性害虫，生殖能力较强，且代际之间重复。1年发生代数随地区而不同。在华南温暖地区，冬季可继续繁殖，无固定虫态越冬；长江以南，南岭以北则以蛹态越冬为主，还有少数幼虫和成虫过冬；在北方地区，以蛹在油菜及苦荬菜等叶组织中越冬。潜叶蝇有较强的耐寒力，不耐高温，夏季气温35℃以上就不能存活或以蛹越夏。

为害症状：幼虫在叶内孵化后，即由叶缘向内取食，穿过柔膜组织，到达栅栏组织，取食叶肉留下上下表皮，致使其表皮层留下较为明显的弯曲的白道，并随幼虫长大，白道盘旋伸展，逐渐加宽。末尾部分化成蛹，透过叶片本身能看见黑褐色抑或褐色的蛹，严重情况下枯萎致死以致通体变白。有时甚至可以使叶子枯萎。

发生时期：主要以蛹越冬，从早春开始，虫口数量逐渐上升，到春末夏初达到为害盛期。成虫白天活动，吸食花蜜，对甜汁有较强的趋性。卵散产，幼虫孵化后即潜食叶肉，出现曲折的隧道。

发生虫害后应及时进行防治，可采用生物防治和农业防治。生物防治应采用以下措施：针对蚜虫利用天敌（如瓢虫、草蛉、食虫蝽、食蚜蝇和蚜茧蜂等）防治。针对豆秆黑潜蝇，利用天敌（如蜘蛛和捕食性蓟马）防治。

农业防治措施：针对蚜虫选用抗蚜箭筈豌豆品种；尽快提前收割。针对豆秆黑潜蝇尽量倒茬轮作，虫害大发生前，尽快收割。收获后，清除残茎、叶和叶柄、茎秆等，于冬季进行燃料烧毁。增施基肥、提早播种、适时间苗等措施。

土壤深翻晒白或淹水 3~4d，消灭隐藏于土中的虫和蛹，减少病虫发生基数。物理诱杀：每 2~4hm^2 设置一盏频振式杀虫灯诱杀夜蛾类害虫，也可用粘虫板治虫，即田间悬挂黄色粘虫胶纸（板），诱杀蚜虫、斑潜蝇等。在黄板（30cm × 20cm）涂上机油或凡士林，悬挂 300~375 个 /hm^2，平均分布，高度以高于植株 10~20cm 为宜。

在早春至开花期可见有豆芫菁及蚜虫为害，可喷洒 40%乐果乳剂或 10%吡虫啉 1 000~1 500 倍液防治。

3. 杂草防除

（1）箭筈豌豆常见杂草种类　箭筈豌豆田的杂草包括禾本科杂草和阔叶杂草，禾本科杂草主要有看麦娘、早熟禾、稗草、野燕麦、狗尾巴草、马唐、牛筋草等；阔叶杂草主要有苦菜、打碗花、刺儿菜、马齿苋、小藜、苍耳、灰绿藜等。西北地区多为 3—5 月出苗，6—10 月开花结果。在箭筈豌豆生长期发生，以苗期最为严重，与箭筈豌豆争水争肥，必须尽快防除杂草。

（2）防除措施　田间杂草的防除主要有人工拔除和化学防治。野燕麦可用 40% 燕麦畏在播种前结合耙地，2 250g/hm^2，对水 300kg，喷雾进行土壤处理；田间的稗草、牛筋草、马唐、狗尾草等一年生单子叶杂草及部分双子叶杂草，播前每亩用 48% 氟乐灵 250mL，对水 20kg 结合耙地进行土壤地表处理。在箭筈豌豆苗期、杂草少的地块可进行人工第一次拔除杂草，杂草多的地块选用安全高效、低毒低残留的除草剂；也可在出苗后至开花期，结合中耕，疏松土壤，消灭杂草，保证正常生长。在前茬收获后，清洁田园，铲除前茬作物残留物和杂草，直接深埋沤肥或晒干粉碎还田。

六、应对环境胁迫

（一）影响箭筈豌豆生长的环境因素

影响箭筈豌豆生长的环境因素主要有水分、温度、光照、土壤性状、肥力、气候等自然因素及诱变因子等。箭筈豌豆性喜凉爽，抗寒性较强，对温度要求不高，耐干旱，但对水分敏感，遇干旱则生长不良，但仍能保持较长时间的生机，遇水后又继续生长，但产量显著下降。再生性强，对土壤要求不严，耐酸耐瘠薄能力强，但耐盐能力差，固氮能力强，在2~3片真叶时就形成根瘤，春播时从分枝到孕蕾期是根瘤固氮的高峰期。这些环境因素对箭筈豌豆生长的影响已在第一章第二节做了较为详尽的叙述。

（二）水分胁迫

1. 发生时期

水分胁迫对箭筈豌豆的影响表现在生长发育的各个时期，但影响最大的还是种子萌发和花芽分化至开花期。

2. 种子萌发期对水分胁迫的响应和抗旱性

水分是影响种子萌发的一个关键因素，种子只有在一定的水分条件下，经过充分吸胀后才能萌发，这一过程由种子与所处环境介质的水势差决定。一般认为，种子只有吸水到一定的临界点才能萌发，这个临界点的水势叫做基础水势，即种子萌发所需的最低水势。大量研究发现，当外界条件高于临界水势时，种子萌发速率与外界水势呈线性正相关，且种子群体的最终萌发率随水势的降低而降低。

大量研究表明，种子萌发与幼苗生长期往往是植物生活史中最为脆弱的阶段，研究种子萌发对环境的响应特性不仅对了解该物种的分布与适应具有重要意义，还为其栽培驯化方向提供了重要参考。窄叶野豌豆（*Vicia angustifolia*）、山野豌豆（*V. amoena*）、歪头菜（*V. unijuga*）以及箭筈豌豆（*V. sativa*）是分布于中国青藏高原的4种重要的豆科野豌豆属植物，其蛋白含量高，适应性强，具有重要的生态价值与经济价值。上述4种植物种子萌发的最低温均在5℃以下，其中箭筈豌豆种子萌发的最低温为-2℃。而在中国青藏高原东缘甘南地区，早春3月、4月长年月均温分别在0℃、5℃左右，表明早春低温可能不是限制豆科种子在当地萌发与幼苗建植的主要因素。由于当地降水主要集中于5—10月，而1—4月降水较少，因此，水分可能在种子萌发与幼苗建植的过程中起着关键的调控作用。

李廷山等（2013）以3种青藏高原野豌豆属植物窄叶野豌豆（*Vicia angustifolia*）、山野豌豆（*V. amoena*）、歪头菜（*V. unijuga*）与1种当地栽培植物箭筈豌豆兰箭3号（*V. sativa*）种子为材料，应用种子萌发的水势模型对上述4种植物种子萌发对水分的需求特性进行了研究。结果表明：基础水势（Ψb）随种子萌发率（g）的增加而增加，表明种群内种子个体萌发基础水势存在变异；除歪头菜外，其余种子的萌发速率与水势的回归直线的斜率随萌发率的增加而降低，暗示种群内种子个体萌发的水势时间值（θH）在有些种上可能存在变异；参试植物种中，兰箭3号种子的Ψb值最低，表明其在相对干旱环境条件下易于萌发，山野豌豆种子的Ψb值最高，但θH较低，表明其萌发耐旱性差，在水分充足的条件下萌发迅速；水势模型可准确预测休眠破除后4种野豌豆属种子在高水势条件下的萌发进程，但用于预测低水势条件下种子的萌发时，准确性较差。

（1）水分胁迫条件下不同植物种子的萌发率　4种野豌豆属植物种子的最终萌发率均表现出随水势降低而降低的趋势，但种子萌发对水分胁迫的响应有所不同。无水分胁迫条件下，4种植物种子的初始萌发率无显著差异，且均在93%以上。其中，山野豌豆种子萌发对水分最为敏感，-0.2MPa水势即导致其萌发率显著下降，而使窄叶野豌豆、歪头菜与兰箭3号种子萌发率显著下降的水势分别为-0.6MPa，-0.4MPa与-1.0MPa。当水势为-1.0MPa时，山野豌豆的萌发率为0，窄叶野豌豆、歪头菜与兰箭3号的萌发率则分别为33%、40%与61%；当水势为-1.2MPa时，窄叶野豌豆与山野豌豆的萌发率为0，歪头菜与兰箭3号种子的萌发率分别为19%与23%。

（2）基于种子萌发速率对萌发基础水势的估计　萌发基础水势（Ψb）的估计值受种子萌发率（g）的影响，呈现出随萌发率的增加而增加的趋势。除歪头菜种子在不同萌发率条件下，萌发速率与水势的回归直线斜率无显著差异外，其他3个植物种萌发速率与水势的回归斜率随萌发率的增加而降低。

种子萌发的基础水势均值与水势时间值因种而异，其中Ψb表现为山野豌豆>窄叶野豌豆>歪头菜>兰箭3号；θH表现为歪头菜>兰箭3号>窄叶野豌豆>山野豌豆。

4种豆科牧草种子的萌发速率随渗透胁迫的加剧而降低，萌发速率（1/t50）与水势之间呈显著线性正相关（$P<0.05$）。其中山野豌豆抗胁迫能力最弱，基础

水势为 -0.72MPa，兰箭 3 号抗胁迫能力最强，基础水势为 -1.50MPa。

3. 箭筈豌豆的抗旱保水效果

李积智等（2012）采用某公司生产的含磷、钾及多种微量元素的树脂类抗旱保水拌种剂，对青海浅山区当地种植多年的箭筈豌豆品种进行拌种处理（设150g、250g、350g 等 3 个处理，分别以代号 A、B、C 表示，1 个清水拌种为对照）。把抗旱保水剂对浅山箭筈豌豆的影响看成是一种加强浅山箭筈豌豆抗旱、促进保水能力的胁迫。从 3 种不同胁迫处理中筛选出 1 种最能使浅山箭筈豌豆提高抗旱力，促进保水能力的处理。

人为的胁迫对产量的影响实际上是通过对产量性状胁迫来达到的。产量性状的抗旱保水性能的差异必然影响到产量的抗旱保水性能差异。结果表明，不同处理下，浅山箭筈豌豆籽粒产量的保水性表现出一定的差异，但都能使箭筈豌豆的抗旱保水性能提高，B 处理下的籽粒产量的抗旱保水性最强，A 处理次强，C 处理下的籽粒产量抗旱保水性相对最弱。

4. 补充灌溉

刈割后需灌溉，要等到侧芽长出后再灌水，否则水分从茬口进入茎中，会使植株死亡。

一般在分枝盛期及结荚期灌水 1 次，即可获得良好的种子收成。

（三）其他胁迫

1. 盐胁迫对种子萌发和根际过程的影响

土壤盐渍化是影响农业生产和生态环境的严重问题，全世界盐碱地面积约有 $9.55\times10^{8}hm^{2}$，中国约有 $9.91\times10^{7}hm^{2}$。在人口不断增加、耕地不断减少和淡水资源不足的严重压力下，如何利用大面积的盐碱地、荒漠化土地和丰富的咸水资源发展农业，是国际生物科学技术迫切需要解决的重大课题。因此，了解盐害对植物的伤害，研究植物的盐适应生理机制也越来越受到重视。对禾本科牧草种子在盐分胁迫下的萌发与生长动态已有许多报道，但豆科牧草种子因具有硬实特点，对其在不同浓度盐分胁迫下萌发和生长规律的报道尚不多见。张东杰（2010）以箭筈豌豆品种西牧 324 为例，采用模拟盐碱土盐分构成的方法，在实验室条件下探讨豆科牧草种子耐盐特征和萌发规律，为豆科牧草在盐碱土壤上的种植提供依据。

（1）盐分胁迫对种子发芽率和发芽势的影响　在盐渍土中种植箭筈豌豆，土壤溶液盐浓度在 12g/L 以下时，对种子萌发无不利影响；如土壤全盐浓度在

12~21g/L 范围内时箭筈豌豆种子的萌发率，可达到相对发芽率的 50% 以上，如果要提高发芽率须在播种后采取灌水压盐措施；若土壤全盐浓度 >21g/L，如果要保证田间相对出苗率在 50% 以上，则必须在播后灌水压盐，土壤溶液全盐含量低于 21g/L 才能保证箭筈豌豆基本出苗数。

（2）盐分胁迫对种子萌发情况的影响　在盐浓度低于 15g/L 时，虽然箭筈豌豆种子的萌发率均 >50%，但此时无论胚根、胚芽的长度、直径，还是重量均随着盐分梯度的升高呈下降趋势，经统计分析差异不显著（$P>0.05$），表明在此盐度范围内对种子萌发生长具有逐步增强的抵制作用，使幼根、幼芽的生长减慢，幼根、幼芽的长度、直径、重量与盐浓度均呈负相关；在盐浓度 >15g/L 后不仅种子萌发率显著下降，而且此时胚根、胚芽的长度、直径和重量均显著低于对照（$P<0.05$），表明在此盐度范围内盐溶液对萌发种子为害逐步增大，对胚根的为害尤为严重。

（3）盐分胁迫下发芽动态与发芽日数的关系　盐分浓度在 6g/L 以下时箭筈豌

豆发芽高峰期与对照同步都在第 4 天，而盐分浓度大于 9g/L 后，发芽高峰期均比对照延迟了 3~7d。表明较高浓度的盐分对种子发芽势有较大影响，使发芽周期延长，在大田中会导致种子出苗不整齐，弱苗、缺苗增多的现象，应采取相应措施。

（4）解除盐分后种子的发芽潜势　将盐分胁迫下未萌发的箭筈豌豆种子经漂洗解除盐分，再发芽 10d 后，萌发种子与对照比较无显著差异，表明在盐浓度大于 27g/L 时大部分种子已失去生活力，而 0~27g/L 盐浓度范围内，相应的硬实种子之间与对照相比无显著差异，表明低于 27g/L 盐浓度对硬实种子的生活力影响不大。而在 27~33g/L 的盐浓度范围内种子的硬实率与对照相比，具有显著差异（$P<0.05$），表明除硬实种子外其余种子的生活力已丧失，结果表明 >27g/L 盐浓度范围内盐分不仅抑制种子萌发并可破坏箭筈豌豆种子的生活力。

2. 磷胁迫对种子萌发和根际过程的影响

磷是土壤中必需营养元素中最不易被植物利用的一种，在一些土壤中磷的浓度甚至低于中微量元素。据统计，在肥沃的土壤中，有效磷的浓度会超过 10μmol/L，但绝大部分土壤有效磷的浓度在 2μmol/L 左右，这比植物组织内的磷浓度（5~20mmol/L）低了好几个数量级。世界上大约 30%~40% 耕地的作物产量受到磷的限制，中国 1.07 亿 hm^2 农田中就有大约 2/3 严重缺磷。尽管近年来随着施肥量的增加，土壤中积累的磷明显提高，但土壤中季节性的缺磷依然普遍

存在。造成土壤缺磷的原因主要是土壤中的有效磷含量很低，不能满足作物的需要。解决作物缺磷的手段一是增施磷肥，补充土壤中有效磷的不足；二是改变作物吸收利用土壤磷的能力，提高土壤中磷的生物有效性。但是，磷作为一种不可再生资源，如果不加节制地使用，将在 50~100 年内消耗殆尽。因此，提高作物吸收利用土壤磷的能力就成为从根本上解决磷缺乏问题的一个重要途径。不同的植物为了长期适应低磷胁迫的生长环境，形成了一系列高效活化与获取土壤磷的生理生化机制，以最大限度地获取和利用周围环境中的磷。磷高效相关基因的表达可以显著增加根际土壤磷的生物有效性，进而增强作物对磷的摄取和吸收能力。

吕阳等（2011）选取两个在中国北方比较常见的豆科绿肥品种，通过营养液培养，比较研究了箭筈豌豆与毛叶苕子，在控制条件下，通过不同供磷处理的营养液培养，研究了不同绿肥作物适应低磷胁迫根际过程的差异，并揭示其高效利用磷的机理。

通过测定两种豆科作物在缺磷与供磷条件下的生物量、根系质子释放速率、根系有机酸分泌速率以及根表酸性磷酸酶活性的动态。结果表明，箭筈豌豆与毛叶苕子在生长前期对低磷胁迫的响应存在明显差异。箭筈豌豆主要靠增大质子释放量和提高酸性磷酸酶活性来适应低磷胁迫；而毛叶苕子主要通过提高根冠比、扩大根系生物量来对外界环境中的缺磷状况做出响应，在缺磷时其根表酸性磷酸酶的活性显著提高。箭筈豌豆与毛叶苕子可通过协调根系形态和生理的适应性变化提高对磷的吸收。

七、适时收获

（一）收获时间

箭筈豌豆具有无限结荚习性，早收或晚收都会造成减产。收获时间因地区、品种和利用目的不同而有所差异。其可青饲、鲜喂、调制青、干草或制成草粉、收种、肥田等，以获取种子为目的，适期收获的标准是在 70% 的豆荚变成黄褐色，或 80%~85% 豆荚变黄或黄褐色时，应及时收获。为确保不落荚落粒，可在早晨收获。

春箭筈豌豆幼苗后期管理简便，如用于收割调制干草，应在盛花期和结荚初期刈割；如草料兼收，可采用夏播一次收获；如利用再生草，应注意留茬高度，在盛花期刈割时留茬 5~6cm，在结荚期刈割时留茬应在 13cm 左右。刈割后要等到侧芽长出后再灌水，否则水分从茬口进入茎中，会使植株死亡。春箭筈豌豆成熟后易炸荚，当70%豆荚变成黄褐色时清荚收获。春箭筈豌豆在生长过程中对土壤中磷消耗较多，收草后的茬地往往氮多磷少，应增施磷肥，以求氮磷平衡，促进后作产量。

（二）收后处理

1. 青贮

也可与其他牧草混合青贮。每年可刈割两次，刈割期在开花期到结荚期进行，此时的营养价值最好。刈割留茬高度10cm，若齐地面刈割或刈割过迟都不宜再生，刈割后注意不宜灌水，当侧芽长出后再灌水，否则两天后植株全部死亡。青贮刈割后稍晒，之后束成小捆，放在通风处，防止霉烂变质。与燕麦套种混播，适宜刈割期在燕麦抽穗期。

王雁丽等（2016）研究了高寒地区春箭筈豌豆抗旱高效种植栽培技术，认为适宜的刈割留茬高度为5~6cm。马春晖等（2000）研究了一年生饲用作物最佳刈割期，认为燕麦与春箭筈豌豆混播时，箭筈豌豆下部豆荚全饱满时期是最佳刈割期。饲草生产的根本目的是在单位面积收获最大的营养物质产量，多数情况下饲草的收割期一般在开花期前后，此时生物产量和营养品质有一个较好的平衡，但对不同的饲草作物和同类饲草作物的不同品种，最佳刈割期可能是不同的。一般豆科饲草从现蕾开始，干物质积累显著增加，此时也是饲草茎叶快速增长的时候；至开花末期，春箭筈豌豆饲草积累干物质量最大；到了生长末期，由于叶片和种子的脱落而使地上干物质的产量下降。为获得较高的营养价值和干物质产量，春箭筈豌豆最佳收割时期应在开花盛期或结荚初期。

2. 放牧

宜在干燥天气进行，避免猪牛羊过量采食，防止瘤胃膨气胀痛。

3. 绿肥

春箭筈豌豆用作绿肥作物可丰富土壤中的营养物质，改良土壤，增加主要作物的产量。鲜草翻压量，水浇地12.75t/hm^2，旱作地9.75t/hm^2，高产田刈割留茬一半，然后进行翻压，旱作地随翻随耱，肥田效果特别显著。

4. 加工

春箭筈豌豆种子除用作家畜精饲料外还可加工成粉面、粉条等副食品，其与少量面粉混合制作烙饼、面条、馒头深受人们的喜爱。但不宜大量长期食用。在食用前种子要经浸泡、淘洗、炒熟等加工处理，把种子中含有的生物碱、氢甙充

分分解，释放出氢氰酸。

5. 收种

春箭筈豌豆种子成熟后易爆荚落粒，当70%荚果变成黄褐色时即可收割。收割时间宜在早晨露水未干时进行，随割随运，晒干脱粒。

种子收获前去除杂株，当箭筈豌豆的荚果60%~70%成变黑、30%~40%成饱满变黄时为收种最适期。收种时要结合当时天气预报，若将出现较长时间的阴雨天，应适当提早抢收。收种时要密切掌握天气情况，抢晴收获。在早上露水未干时进行（阴天可整天收获），收种方法采用连茎叶割回（或卷回），在晒场上用木连枷或棍棒槌打或电动脱粒机脱荚脱粒。种子脱粒后，将箭筈豌豆与作支架作物的小麦、油菜种子分离。箭筈豌豆种子晒干、风干净后及时装袋打包，贴写标签，贮藏于通风排水良好的仓库中（苟久兰，2012）。

第二节　特色栽培

一、免耕覆盖栽培

随着人口的迅速增加和社会经济的快速发展，社会对农产品的需求量剧增。为了满足社会需求，并追求利润的最大化，农民不得不加大对土壤的作业频率，努力扩大复种指数；扩大灌溉面积，增加灌水次数；化肥、农药及除草剂的施用量也迅速增加。在农业化学品投入及灌水量不断增加的情况下，频繁的耕作除了增加生产成本外，更为重要的是造成土壤结构的破坏和地力的下降及由于水土流失而带来的严重的环境污染问题，破坏了农业生产可持续发展的基础。而以免耕为代表的保护性耕作技术的推出为解决上述传统农业带来的问题提供了一条可行的途径。免耕栽培是集保护性耕作与轻简型栽培于一体，顺应农业新阶段、新形势而发展起来的一项农业先进实用新技术，该技术是以降低成本、提高效益、生态安全为目的，在品种选用、耕作制度、肥料投入、田间管理及机械作业等方面进行系统研究的基础上，采用更多现代化技术简化栽培环节，减少用工，降低劳动强度，提高作物综合生产能力，是促进农民增收的有效途径，具有广阔的发展前景。

免耕又称零耕，是指作物播前不用犁、耙整理土地，不清理作物残茬，直接在原茬地上播种，播后作物生育期间不使用农具进行土壤管理的耕作方法。免耕种植技术具有节省能源、增加土壤有机质含量、增加土壤含水量和水分有效性、减少土壤风蚀和水蚀、减缓土壤退化的过程等优点。广义的免耕包括少耕。少耕法是将连年翻耕改为隔年翻耕或隔年再翻耕，以减少耕作次数的耕作方法，是介于常规耕作和免耕之间的一种耕作方式。在季节间、年份间轮耕，间隔带状耕种，减少中耕次数或免中耕等，均属少耕范畴。少耕法有多种类型，如带状耕作、耙耕、深松耕等，少耕法往往伴随地面残茬覆盖。保护性耕作是以水土保持和生态平衡为中心，保持适量的地表覆盖物，尽量少翻动土层，而又能保证作物正常生长的耕作方法。保护性耕作包括免耕、少耕及残茬覆盖。免耕、少耕是保护性耕作的核心。美国保护科技信息中心提出以秸秆残茬覆盖率为标准，对耕作方式进行分类：作物收获后的地表残茬覆盖超过 30%为保护性耕作，如起垄、带状耕作、覆盖耕作及免耕等；而秸秆残茬覆盖率在 15%~30%的耕作方式称为少耕；秸秆残茬覆盖率小于 15%的为传统耕作。

（一）控制土壤碳排放

气候变化是当前国际社会普遍关心的全球性问题，也是全人类所面临的共同挑战。低碳经济是当前世界应对全球气候变化问题倡导的新的经济发展思路，核心是建立“低消耗、低排放、低污染”的经济体系。随着温室气体排放的增加，20 世纪以来全球温度升高了 0.6℃ ±0.2℃。其中，农业每年排放的温室气体大约占全球温室气体排放量的 10%~12%。中国是农业大国，农田温室气体排放总量占世界第二位，减少农田温室气体排放，是中国低碳农业可持续发展亟待解决的难题。

农田生态系统人为可调控性很强，针对农田系统碳排放方面前人做了很多研究，不同灌溉方式对农田生态系统的碳排放产生不同的影响；采用适当的施肥方式或者肥料品种均对碳减排有很好的效果；不同种植制度也会引起农田碳排放产生相应变化。

大量研究表明，免耕对于农田的碳排放影响很大，间作具有降低农田碳排放的作用，密植能够增加产量和农田碳累积的效应，通过量化农田生态系统碳输入与输出过程，探索箭筈豌豆免耕密植间作系统碳源、汇特征以及对影响农田碳平衡的主要因素的响应，综合评价了该模式下的可持续性，从而为农田碳汇管理技术的选择提供理论和技术依据，对实现低碳高效农业目标及农业可持续发展都具有重要意义。

免耕较传统耕作在箭筈豌豆系统中具有减排的效果，主要由于免耕处理能够显著降低土壤呼吸速率的排放天数，因此降低箭筈豌豆在整个生育期的土壤呼吸速率，能够有效地降低群体的土壤碳排放总量。在免耕措施不同箭筈豌豆密度处理下，间作的土壤碳排放总量无显著的差异，通过对间作不同时期不同带的土壤碳排放量分析发现，在箭筈豌豆收获前免耕中密度处理较低、高密度有明显的减排效果，研究发现这个时期的土壤呼吸速率与作物干物质累积量呈显著正相关，免耕中密度处理增加干物质累积量的趋势更明显，因此该时期的土壤碳排放量也较低、高密度有所增加。

免耕较传统耕作具有增加作物碳累积量的作用，且在免耕高密度下增加的效果更为显著，同时比较不同箭筈豌豆密度在免耕及传统耕作下的租屋碳累积量发现，传统耕作下无显著差异，而免耕处理下中、高密度有显著的增加，表明免耕结合箭筈豌豆密植有显著增加作物地上部碳累积量的作用。研究指出，箭筈豌豆增加种植密度对箭筈豌豆碳代谢的有很大影响。分析不同密度下作物碳累积量发现，箭筈豌豆密度对作物碳累积量影响规律明显，作物碳累积量均随着箭筈豌豆密度的增加先增加后减小。适当的增加免耕系统中箭筈豌豆密度能够增加碳累积量，且与低密度相比较并未显著增加农田土壤碳排放。

免耕比传统耕作碳的排放可减少，免耕处理呈现碳汇效应，更有利于农田生态系统固碳，传统耕作则为碳源。研究表明，各处理 NEP 值均为正值，不同处理下的农田系统均表现出碳汇的作用。主要由于研究的边界有所不同，碳的输出并未将农业投入如种子、化肥等产生的间接 CO_2 释放的影响纳入系统中，而是限定为作物全生育期的土壤中直接排放的 CO_2 量。所测得的田间土壤呼吸即土壤微生物呼吸和根呼吸之和。根呼吸是指植物体利用自身合成的有机物进行的呼吸，严格意义上讲是植物自身根系的呼吸和根际微生物呼吸之和，目前国际上没有标准方法能将这两种呼吸严格地区分开来。对于根呼吸和土壤微生物呼吸的区别，当前国际上对于区分根呼吸和土壤微生物呼吸的方法主要有成分析法、根生物量外推法、根去除法、同位素标记法。其中同位素标记法准确率较高，但其操作困难且花费较大，因此，本试验根据已有研究对根呼吸进行了合理估算。农田系统碳的排放还包括了 CH_4，但由于 CH_4 在旱地排放中所占比例较小，可不参与计算；所以 NEP 值主要受土壤 CO_2 排放总量以及植株地上部和地下部的碳累积总量的影响。

研究表明，作物干物质积累量与农田碳排放总量呈线性相关，且极显著相关，即随着作物干物质累积量的增加，农田碳排放总量也会随之增加。免耕系统更能够降低农田碳排放总量。箭筈豌豆群体干物质累积量的增加主要受密植效应的影响，但同时受耕作方式互作效应的影响。

免耕较传统耕作能够降低土壤温度，免耕同样能够降低箭筈豌豆系统的土壤温度，免耕主要降低了间玉米带全生育期的土壤温度。箭筈豌豆密植效应同样具有降低土壤温度的作用，随着密度的增加具有降低土壤温度的趋势。土壤呼吸与土壤温度呈指数增长关系，通过免耕处理及密植的方式降低土壤温度，从而降低箭筈豌豆群体土壤碳排放总量。而通过分析免耕豌豆各生育时期的土壤呼吸速率与土壤温度的相关性发现，夏季土壤温度较高的时期，形成了随土壤温度的增加土壤呼吸速率有所降低。

在干旱区、雨养农业区，当出现干旱胁迫时，土壤含水量才会成为限制土壤呼吸的主要因子之一。通常在土壤含水率临近萎蔫系数时才能成为土壤呼吸速率的限制因素，当土壤含水量充足时，不影响作物和微生物的生长。免耕结合适当的密植具有增加间作群体土壤含水量的作用，在免耕中密度下能够显著增加间作的土壤含水量，主要原因是免耕中密度处理能够弱化箭筈豌豆收获前免耕对土壤含水量的负效应，主要增加了箭筈豌豆收获后土壤含水量，免耕显著降低了箭筈豌豆收获后玉米带的土壤含水量，但免耕中密度处理能够增加箭筈豌豆收获后箭筈豌豆带的土壤含水量，从而增加间作群体的土壤含水量，为箭筈豌豆的生长提供更有利的条件，有助于作物干物质累积量的增加。

（二）免耕覆盖的实施条件

研究表明，免耕特别适合风沙干旱地区、水土流失严重的丘陵地带以及抢农时的多熟区。免耕的效果因作物的种类、前作、土壤类型、地形、降水量、温度等条件而异。在丘陵地带或干旱地区免耕种植大豆、玉米比传统耕法效果好。在土壤湿度大、排水不良的黏性土壤及有机质含量低的沙土上免耕效果不佳。不同肥力特征土壤条件下，进行免耕箭筈豌豆栽培试验表明，水肥气热协调型土壤上免耕种植油菜生育性状明显优于质地黏重的土壤。表现为植株高度、绿叶数量、叶面积和干物质积累有明显的优势。免耕箭筈豌豆在水肥气热协调的土壤条件下，根系生长发育良好，从而可以保证地上部分的生长发育。同时，水肥气热协调型土壤条件下，免耕箭筈豌豆抗冻害能力较强，经济性状表现较好，一次分枝、单株角果数、每角果粒数、千粒重等指标均高于质地黏重的处理，而与质地黏重土壤翻耕种植箭筈豌豆基本相等。表明免耕种植箭筈豌豆对土壤有一定的选

择性，为达到免耕节本增效的目的，应该将免耕模式实施在土壤质地疏松、结构良好的农田上，土壤板结、结构不好的土壤不宜种植免耕箭筈豌豆。

近年来形式多样化，各地积极推进农业增长方式的转变，大力推广农作物免耕栽培技术，已经形成了适应不同地区、适合不同作物、适宜不同轮作方式的技术模式。

1. 旱地连作免耕栽培模式

华北地区一年两熟种植制度主要是小麦—玉米、小麦—大豆、小麦—棉花、小麦—花生等，东北地区一年一熟区种植制度主要是玉米—大豆、小麦—大豆等。北方地区旱地免耕栽培模式主要是玉米机械化免耕播种技术。

2. 水田连作免耕栽培模式

双季稻区水稻免耕栽培技术主要模式以稻—稻连作为主。水稻免耕栽培技术主要有免耕抛秧和免耕直播，以免耕抛秧为主。水稻免耕抛秧的技术基本成熟，已经形成了双季稻免耕抛秧、中稻免耕抛秧等技术体系，以及稻草还田免耕抛秧、绿肥还田免耕抛秧、免耕抛秧稻田养鸭、免耕抛秧养鱼等高效无公害栽培模式。

3. 水旱轮作免耕栽培模式

主要有稻—麦、稻—油（菜）、稻—菜、稻—薯等轮作方式，主要技术模式有麦秸全量还田免耕稻作栽培、水稻快速灭茬免耕栽培、秸秆覆盖免耕种植马铃薯等。如广西玉林大力推广的冬马铃薯—双季稻一年三熟三免耕栽培模式，即从冬始至下年秋末期间，在秋收稻后免耕种马铃薯并进行稻草覆盖，次年春收马铃薯后，将马铃薯茎叶和半腐烂的稻草直接还田，灌水沤田，然后免耕抛栽早稻，夏收后，喷施除草剂除灭田中杂草，再免耕抛种晚稻。试验证明，稻田免耕种植马铃薯，将种薯直接摆放在土面上，用稻草全程覆盖，配合适当的栽培措施，每公顷就能获得鲜薯 22 500 kg 以上的产量，而且薯块就长在草下的土面上，拨开稻草就能拣收。方法简便易行，人们形象地把这种实用的马铃薯栽培新技术总结为 9 个字：“摆一摆、盖一盖、拣一拣”。

4. 丘陵旱地免耕栽培模式

丘陵旱地的免耕栽培主要有秸秆或地膜覆盖免耕栽培、小麦高留茬秸秆全程覆盖免耕栽培等模式。这些模式在减少水土流失、改善土壤生态环境、提高土壤综合生产能力上均发挥了积极的作用。

（三）箭筈豌豆的免耕覆盖栽培

1. 实施箭筈豌豆的免耕覆盖栽培地区和模式

甘肃省武威市凉州区黄羊镇。该区地处甘肃河西走廊东端（35° 2′ 20"N，102° 50′ 50"E），属典型内陆干旱气候区，年日照时数 2 968h，太阳辐射总量 6 000MJ/m^2，多年平均降水量 160mm 左右，年蒸发量 2 400mm，干燥度 5.85，土壤类型为厚层灌漠土，属于一季有余、两季不足的生态区，适合间作种植。主要种植作物有小麦、玉米、箭筈豌豆、马铃薯等。其中玉米间作箭筈豌豆是适合该区自然特点及灌溉制度的间作体系。随着该区水资源匮乏日益严重，玉米间作箭筈豌豆以其高产高效节水的特性成为主要的种植模式之一，且间作体系中玉米普遍采用地膜覆盖的方式。

玉米 4 月 25 日播种，9 月 27 日收获；箭筈豌豆 3 月 2 日播种，7 月 6 日收获。同一作物在单作与间作中相同时间播种、收获。玉米间作箭筈豌豆中玉米带宽为 110cm，行距 40cm，用不同株距来调控玉米密度，其中低密度水平株距为 35cm，中密度玉米株距 26cm，高密度玉米株距为 21cm，传统耕作方式下间作玉米带采用新膜覆盖，免耕方式下箭筈豌豆带种植在旧膜上；箭筈豌豆带宽 80cm，株、行距均为 20cm，间作玉米占地比例为 11/19，箭筈豌豆占地比为 8/19；单作玉米中行距 40cm，传统单作玉米覆膜、免耕单作玉米种植于旧膜上，株距与对应间作玉米保持一致；单作箭筈豌豆分行种植，行距 20cm，株距同间作均为 3cm，播种量为 450kg/hm^2。

（1）田间管理　箭筈豌豆苗期生长较缓慢，应及时中耕除草 1~2 次，防止杂草危害。在分枝期和盛花期进行灌水和追肥，可显著提高产草量。刈割后不宜立即浇水，须待侧芽萌生后再灌水，否则易造成根芽死亡，影响再生草产量。

（2）病虫害防治　箭筈豌豆的主要病害有白粉病、霜霉病、苏斑病及锈病等，可参照苜蓿病害进行防治。虫害可根据害虫的种类进行药物防治。

（3）箭筈碗豆免耕的杂草控制技术　免耕条件下的杂草控制主要依靠除草剂的施用。一般在播种或移栽前施用广谱除草剂杀灭所有田间杂草及前茬作物，也可以在轮作时，有针对性地施用某种除草剂杀灭前作杂草，而在作物生长期间一般不进行中耕除草或只在表土浅耕除草。目前使用较多的除草剂有麦草畏、2,4-D、百草枯和草甘膦等。

（4）箭筈碗豆免耕的深松耕技术　深松耕是用无壁犁或松土铲只疏松土层而不翻转土层的一种耕作方式，主要适用于耕层较浅的地块。其特点是不翻转土

壤、不破坏土壤层结构、提高土壤含水量、降低土壤容重、使土壤疏松，这些都有利于作物根系生长，有利于增产增收。深松耕后耕层呈比较均匀的疏松状，有利于蓄水保墒，对于干旱地区效果更佳。低洼易涝地块深松耕后有降低耕层里的含水量和洗碱作用。但对杂草较多地块不宜用深松耕法。

深松耕目前主要有两种方式：一是全面深松耕，应用深松犁全面松土，深松耕后耕层呈比较均匀的疏松状。二是局部深松耕，应用齿杆、凿形铲或铧式铲进行松土与不松土相间隔的局部松土，松土后地面呈疏松与紧实带相间存在的状态。疏松带有利于降雨入渗，增加土壤水分，并且利于雨后土壤的通气及好气性微生物的活动，促进土壤养分的有效化；紧实带可阻止已深入耕层的水分沿犁底层在耕层内向坡下移动。因此，局部深松耕有明显的蓄水保墒增产效果。目前免耕栽培已发展一种深松碎秆覆盖体系，即每隔2~3年深松耕一次，适合多数土壤条件，特别在开始试验保护性耕作的地区。

（5）收获及利用　用于青饲的箭筈豌豆，刈割期不能迟于开花期和抽穗期，留茬高度以5~6cm为宜；调制干草时，结荚初期进行刈割，留茬高度以13cm为宜；以利侧芽的萌发和生长。收种时，当豆荚70%成熟变为黄色时收获，最好早晨收，随收随运。

2. 免耕玉米间作箭筈豌豆效果和效益分析

箭筈豌豆是一种饲、肥兼用的豆科绿肥，适应性广，抗逆性强，鲜草产量高，一般产鲜草30 000~52 500kg/hm^2，茎叶含粗蛋白22.81%，粗脂肪0.5%，粗纤维3.84%，是家畜的优质饲料。箭筈豌豆籽粒产量高，一般产2 250~3 000kg/hm^2，高的可达4 500kg/hm^2，与蚕豆混种也可获得100kg/hm^{2}多的籽粒产量，籽粒含蛋白质29.7%~31.3%，出粉率53.8%，既可加工成淀粉、粉条等作食用，又可作畜、禽饲料，具有良好的经济、社会、生态效益。

免耕密植能够显著降低玉米间作箭筈豌豆系统土壤碳排放总量，且有助于增加玉米间作箭筈豌豆群体的作物碳累积量，从而增加玉米间作豌豆的净生态系统生产力，增强系统的固碳潜力。间作较单作可显著降低作物全生育期的高排放天数，从而降低土壤碳排放总量。免耕较传统耕作显著降低玉米间作箭筈豌豆作物碳的排放天数，从而显著降低间作系统土壤碳排放总量；免耕不同玉米密度间无差异，但玉米中密度处理能够降低间作玉米带箭筈豌豆收获前的排放天数，从而较低、高密度处理显著降低该时期土壤碳排放总量。玉米密度主要影响箭筈豌豆收获前间作玉米带以及箭筈豌豆收获后间作箭筈豌豆带的土壤碳排放总量均在中密度处理下显著降低土壤碳排放总量。

免耕与传统耕作处理下玉米间作箭筈豌豆的干物质积累量在玉米收获时差异不大，但玉米中密度处理与低、高密度相比具有增加玉米干物质累积量的潜力。免耕密植能够降低间作群体全生育期的平均土壤温度，增加平均土壤含水量。在玉米收获时，免耕玉米中密度处理间作玉米的干物质累积量增加。免耕较传统耕作间作土壤温度在中密度下显著降低，土壤含水量显著增加，免耕高密度较低密度间作土壤温度显著降低，免耕中密度较低密度间作土壤含水量显著增加。土壤碳排放总量与作物干物质累积呈线性相关，土壤碳排放总量与土壤温度呈指数相关，土壤含水量与土壤碳排放量无明显的相关性。免耕处理通过降低箭筈豌豆收获期玉米间作豌豆系统中间作玉米带的干物质累积量，且免耕增密能够降低作物全生育期的土壤温度，进而有助于玉米间作箭筈豌豆土壤碳排放总量的降低。免耕较传统耕作平均降低豌豆收获时作物干物质累积量。免耕高密度处理较传统耕作能够显著降低作物全生育期平均土壤温度。

免耕结合合理密植具有增加玉米间作箭筈豌豆产量、作物碳排放效率的潜力，提高了农田经济效益，最终增强了间作系统生产效益和生态可持续性。玉米间作箭筈豌豆的土地当量比均大于 1，较单作表现出产量优势。免耕较传统耕作处理可增加玉米间作箭筈豌豆籽粒产量，免耕中密度分别较低密度、高密度处理籽粒产量高；免耕中密度处理对增加玉米间作箭筈豌豆生物产量的优势更显著。免耕较传统耕作增加作物碳排放效率，经济效益增幅明显。玉米间作箭筈豌豆的生态可持续性评价指标在免耕条件下，与相应的单作玉米相比较显著增加系统的可持续性。

二、混播栽培

豆科牧草与禾本科牧草混播以其提高饲草产量、改善饲用品质、减少土壤侵蚀、降低病虫草害等优势在世界上许多地区备受重视，特别是在高寒或寒冷地区。在禾本科、豆科牧草混播组合中，禾本科牧草多为燕麦、大麦及黑麦等，豆科牧草多为豌豆、箭筈豌豆、红三叶、白三叶与苜蓿等。

（一）燕麦与箭筈豌豆混播

燕麦和箭筈豌豆混播，一方面能够提高冷季家畜的补饲水平，降低天然草地的载畜压力，另一方面能够调动农牧民的种草积极性，引导畜牧业产业结构调整，提高放牧草地系统与人工草地系统的耦合效应，实现畜牧业产业结构升级换代。

1. 应用地区

燕麦（*Avena sativa*）是优质的禾本科牧草，在很多地区都有种植。箭筈豌豆（*Vicia sativa*）是优质的豆科牧草，蛋白质含量丰富，产草量高，但其植株高达 50cm 以上时，茎有蔓生性状，容易倒伏，不利于收获。如今燕麦和箭筈豌豆在世界许多国家作为混合饲喂家畜的优质饲料而被广泛种植，以燕麦特有的耐瘠、耐碱、耐寒特性及箭筈豌豆抗寒、抗旱和适应性广的特性，使燕麦和箭筈豌豆混合播种成为一种非常重要的种植方式。燕麦和箭筈豌豆混播能表现出较好的生产性能和种间相容性，不同区域、不同品种、不同比例的混播表现都有很大的差异。因此，选择适宜当地的合理组合显得尤为重要。

燕麦和箭筈豌豆混播是中国高寒地区生产上常见的种植方式，高海拔半干旱农区或农牧交错地区，如甘肃、青海、西藏等地。新疆有些地区也有这种种植方式。燕麦—箭筈豌豆混播后可有效合理的利用空间、光照、热量和水分等资源，进而增加牧草产量；还可进行营养互补，提高粗蛋白、粗脂肪含量，降低中性洗涤纤维、酸性洗涤纤维含量，提高牧草品质；也可减轻对土壤矿物元素的竞争，减少氮肥使用量，改善土壤结构，提高土壤肥力。伊犁地区昭苏盆地作为新疆主要牧区之一，饲养了大量的优良牲畜，但冬春季牧草短缺，饲养家畜所需的饲草料供需矛盾突出。另外，现代畜牧业不仅要求家畜获得充足的饲草料，还需要满足其营养需求。因此，对优质牧草的需求量较大。如何将燕麦和箭筈豌豆混播草地建设成为草食家畜所喜食且能满足其营养需求的人工草地，是现代畜牧业发展过程中面临的重要问题。

2. 燕麦的生育特征和生活

燕麦是禾本科燕麦属的一个亚种，属一年生草本植物，适宜在冷凉山区种植。栽培燕麦按其籽粒带稃与否，分为皮燕麦和裸燕麦两种类型。皮燕麦和裸燕麦的植株特征相同，只是籽粒不同，籽粒不带稃的燕麦，称为裸燕麦，也叫莜麦。中国主要栽培的是裸燕麦，是产区重要的小宗粮食作物，也是燕麦加工的主要原料，籽粒带壳的燕麦，称为皮燕麦，由于外壳坚韧难退除，食用不方便，故主要用于饲料和轻化工行业。

燕麦为一年生草本；根系发达，秆直立光滑，胚芽鞘呈淡绿色。叶鞘光滑或背有微毛，叶舌大，叶片无叶耳，顶端尖锐，边缘有锯齿，叶鞘上无茸毛。穗为圆锥花序，穗轴直立或下垂，向四周开展，小穗柄弯曲下垂；每一小穗有薄而长的护颖包住花部，通常为自花授粉。颖宽大草质，茎秆直立，外稃背部顶端有芒或无芒。籽粒为纺锤形，黄白色，顶端和表面被有茸毛，表面茸毛易擦去，籽粒腹沟浅而宽。

燕麦的整个生育过程，从播种到成熟可分为发芽、出苗、分蘖、拔节、孕穗、抽穗、开花、灌浆和成熟几个生育时期。从个体发育和产量因素的形成过程来看，又可以拔节期为界限，分为前后两大生育阶段，即营养生长阶段和生殖生长阶段。前期以根、茎、叶、蘖等营养器官生长为主；后期以穗、粒等生殖器官的建成为主。营养生长时，植株的物质代谢和营养物质积累均与后期生殖器官的发育有着密切的关系。

燕麦最适于生长在气候凉爽、雨量充足的地区。幼苗能耐低温，成株遇低温则受害，是麦类作物中最不耐寒的一种。在北方和西南的高寒山区，只能春播秋收，夏季凉爽是其生长适期。

燕麦要求光照时间长，在日照短的条件下，燕麦发育慢，抽穗晚，植株大而籽粒少。要获得高产，必须保证分蘖期和抽穗期的长日照条件。故在西南地区的山区由于日照比北方短，生育期延长，产量比北方略低。

燕麦抗旱性弱，生长期间特别在开花和灌浆期遇高温而水分不足时则影响结实，常使籽粒不充实而产量降低。对土壤要求不严格，黏土、壤土，坡地、灰泡土都可种植。

3. 混播的规格和模式

混播草地是通过混合牧草种子来进行的，因此豆科、禾本科牧草种子所占比例直接影响种群的生长、产量和品质。就生物量而言，在群落密度相同的条件下，混播比例的变化所引起的差异，因不同种群而不同。

尚永成（2000）在高寒地区进行的燕麦与豌豆混播组合研究表明，燕麦与豌豆以 1∶1 或 3.5∶6.5 混播是高寒牧区较为理想的混播组合。安成孝（1986）认为箭筈豌豆与燕麦最适比例以 3∶7 或 2∶3 最佳，在土壤肥力高时，适当加大燕麦比例，可获得更高的生物量。

马春晖（1999）认为箭筈豌豆与燕麦混播最适比例为 3∶1、1∶1 或 1∶2。播种比例以燕麦与豌豆 1∶1 产草量高，品质好，便于调制优质干草。燕麦和箭筈豌豆不同混播比例试验研究结果表明，燕麦与箭筈豌豆 5∶3 的比例比同等条件下其他比例增产效果明显。孙爱华等（2003）在高寒阴湿地区进行的燕麦和箭筈豌豆混播复种试验表明，燕麦和箭筈豌豆以 1∶1 混播复种，产草量比单播燕麦提高 40%。

姬万忠（2005）在甘肃省天祝县高寒地区对一年生牧草燕麦和箭筈豌豆混播增产效应进行了研究。结果表明，混播群落中燕麦与箭筈豌豆通过对光能、养分、水分等资源的相互协同利用，提高了资源利用效率，群落草层高度和单位面积干物质产量增加。

张延林（2017）在甘肃省玉门市黄花农场进行燕麦与箭筈豌豆以 5∶5、6∶4、7∶3、8∶2 和 10∶0 等 5 种不同比例混播种植，探索适宜玉门地区燕麦与箭筈豌豆混播的最佳比例，从而为春季燕麦牧草播种提供依据。结果表明：燕麦与箭筈豌豆混播干草产量无显著性差异，但混播豌豆较燕麦单播产量均有提高，以 7∶3 比例的混播方式增产较高，增产 9.61%，且蛋白含量和 RFV 相对较高。因此，建议在同类地区采用燕麦与箭筈豌豆以 7∶3 的混播比例进行种植。

孙爱华（2003）在甘肃省临夏县刁祁乡龙泉村李家社高寒阴湿地区，进行了燕麦单播或箭筈豌豆 + 燕麦混播对产草量的影响的研究，尤其以箭筈豌豆与禾本科饲草以 1∶1 混播复种，在分枝盛期和茎繁叶茂期各灌水 1 次的栽培与田间管理为最佳模式。

4. 混播的生态、生理互补性

燕麦与箭筈豌豆混播种植方法简单，投资少，能有效提高饲草产量，比单播产量提高 2.4 倍，茎粗而脆，便于收割和调制青干草或青贮，且有效搭配了牧草成分，适口性好，营养丰富，是高寒牧区冬春补饲的饲草首选。而且混播后豆科牧草根瘤菌的固氮作用可有效提高土壤肥力，增加土壤有机质，有利于后期作物生长，经济、社会和生态效益显著，具有良好的推广种植前景。

陈功等（2005）在青海高寒地区，通过对燕麦、箭筈豌豆混播草地的叶面积指数、光能转化效率、相对产量总和等指标进行了观测与分析。试验结果表明，混播群落中燕麦生长前期叶量较大，孕穗期达到高峰；而箭筈豌豆最大叶面积指数出现在开花期。两者混播后，混播群落在其生长发育的各个时期均能够保持较高的光合作用面积。同时，箭筈豌豆与燕麦混播后，因燕麦茎秆的支撑作用，可有效地避免其单播草层的倒伏现象，有利于箭筈豌豆株高的向上延伸，使草丛上层部位集中的叶量大大增加而呈现密集分布状态，改善混播草层结构，为提高单位面积产草量及光能转化率创造了有利条件。燕麦箭筈豌豆混播草地表现出较好的生产性能和种间相容性，混播两组分在提高和维持草层叶面积指数、改善草层结构等方面具有较好的种间互补性。两者混播可以有效改善混播草地的草层结构，提高光合作用面积，减少种间直接竞争，增加对环境资源的利用效率。同时，燕麦与箭筈豌豆混播也是提高单位面积草地粗蛋白产量和改善饲草营养价值的有效途径。

混播草地的干物质产量与单播燕麦相比较，差异不显著。但在提高单位面积粗蛋白产量方面，混播草地具有明显的优势。因此，在试验区应大面积推广混播栽培方式，可在不减少干物质生产的同时有效提高蛋白饲料生产量，缓解草畜供求矛盾。同时空间和种间互补优势明显，在相同空间内，可以更充分地利用光照、热量、养分等资源，提高光能利用率和土地当量比。箭筈豌豆的卷须攀附在燕麦上，还可减轻倒伏。延长混播系统的青绿期，提高产量。

箭筈豌豆和禾本科饲草混播不仅可使单位面积饲草产量和质量比单播燕麦明显提高，而且也从根本上改变了饲草品质，提高了饲草经济价值。 以豆科和禾本科饲草混播复种方式生产饲草，应是一季有余、两季不足的高寒阴湿地区解决冷季青绿饲草不足和饲草养分缺乏的主要途径。

5. 刈割时期

刈割是豆禾混播草地重要的利用手段，合理的刈割对提高人工草地的产草量、改善牧草品质、合理搭配各种营养成分的比例等方面均具有积极的影响，而适宜的刈割期是实现上述目标的重要因素之一。

适宜的刈割时期对于优质牧草的生产具有重要意义，因为在牧草整个生长过程中，产量和营养成分是两个相关的反方向发展过程，所以确定牧草最佳刈割时期，必须兼顾单位面积草产量和营养成分含量。通常，豆科牧草的最佳刈割期为花期，也有研究发现箭筈豌豆的最佳刈割期为结荚期。对于选育和推广地在高山草原地区，且一次性收获的箭筈豌豆，其最佳刈割期应根据其在当地的生长特性和营养物质积累规律而定，不应一概而论。

确定适宜刈割期是调制高产优质干草的重要因素之一，确定适宜刈割期时必须考虑牧草生育期内地上部分产量的增长和营养物质动态，以获取单位面积营养物质最大产量。选择适宜刈割期是获取优质高产饲草的关键措施。常根柱（1991）在高寒牧区进行的试验表明，燕麦单播和豆科牧草混播最佳刈割期为抽穗期、开花期、灌浆期。在燕麦与豌豆混播中，粗纤维含量一直增长至燕麦进入乳熟期，豌豆进入结荚期，此后粗纤维含量降低。一般认为，多年生牧草随生长发育饲草品质下降，一年生牧草进入乳熟期后，其籽实部分的增加抵消了一部分营养物质的损失。燕麦乳熟期粗脂肪（2.76%）、无氮浸出物（55.22%）含量

均较乳熟始期的含量（粗脂肪 2.70%、无氮浸出物 53.08%）高，而粗纤维含量（29.31%）较乳熟始期的含量（29.54%）低。

前人对豆科牧草最佳刈割期的研究较多，但结论不尽一致。针对燕麦与箭筈豌豆混播草地最适宜的刈割时期及混播比例，国内外学者有不同的见解，国内学者认为燕麦抽穗期、开花期、乳熟早期刈割较佳，燕麦与箭筈豌豆适宜混播比例多集中于 1∶1、1∶3、3∶1、2.8∶1；而国外学者认为燕麦乳熟末期至腊熟早期为最佳刈割时期。马军（2015）研究表明，燕麦的乳熟末期与蜡熟期仅相差 20 d 左右，但在生育期上分属两个不同的时期。如何科学评价这 2 个刈割期燕麦和箭筈豌豆混播草地的综合生产性能高低，是确定燕麦和箭筈豌豆混播草地适宜刈割期的重要基础。陈宝书（1995）认为豆科牧草的最佳刈割时期为初花期。贾慎修（1987）指出紫花苜蓿（*Medicago sativa*）的适宜刈割期为现蕾至开花期；马春晖和韩建国（2001）研究发现，用作调制干草或制作青贮的一年生饲草作物（如箭筈豌豆）最佳刈割期为成熟期，该研究同时指出，一年生和多年生豆科牧草的最佳刈割期有所不同，是因为多年生豆科饲草的刈割需要考虑其再生性，而一年生饲草作物如果在生长季较短的高寒地区种植，开花期刈割几乎没有再生产量，而进入结荚期以后，在草产量增加的同时其籽实成分也逐渐增加，从而抵消了一部分营养物质的损失，所以较宜在结荚期之后刈割。因此，牧草最佳刈割期的确定必须综合考虑生长习性，草产量和营养品质等因素。

6. 混播的经济效益

燕麦与箭筈豌豆混播是高寒牧区高产、优质和高效人工草地混播种植的一种较好模式。它一方面能够提高冷季家畜的补饲水平，降低天然草地的载畜压力；另一方面能够调动农牧民的种草积极性，引导畜牧业产业结构调整，提高放牧草地系统与人工草地系统的耦合效应，实现畜牧业产业结构升级换代。

一年生人工草地各混播组分对资源的利用是在竞争的基础上具有相互促进与协同效应。种间协同效应优化了资源组合，提高了对光能、养分、水分等资源的利用率。燕麦和箭筈豌豆在株高增长过程中的协同作用，使混播群落形成了较高的冠层，提高了光能利用率，增加了单位面积的干物质产量；混播群落较高的冠层，改善了混播草层受光结构，使箭筈豌豆下层枝叶能够正常生长，增大了牧草中叶片的含量，改善了牧草的品质及适口性。

燕麦 + 箭筈豌豆是最常用的一年生禾本科 + 豆科混播草地，既能提高产量，优化牧草营养成分，又能改善土壤结构和提高土壤肥力。在青藏高原高寒牧区，燕麦作为人工草地的主要栽培种，种植面积广泛。而且燕麦的纤维含量很高，青贮后，其中的纤维更易被反刍动物消化。用豆科牧草与燕麦混播可以提高草群的蛋白质和产草量，改善饲草品质，为家畜提供优质饲草。

与单播相比，牧草混播优势主要表现在提高了单位面积土地上的牧草生物产量，其提高幅度因混播种群类型而变化。其增产原因主要在于不同类型地上部及地下部，在空间上具有较合理的配置比例，能够充分地利用阳光、CO_2、土壤养分、水分，可制造更多的有机物质。在青海省贵南县进行的燕麦与箭筈豌豆混播试验，燕麦与箭筈豌豆混播产草量为 4.0 kg/m^2，比单播燕麦增产 29.5%，比单播箭筈豌豆增加 20.2%。卓尼县燕麦与豌豆混播增产幅度比单播燕麦高 27.9%，比单播豌豆增产 25.4%。大通县燕麦与箭筈豌豆混播鲜草产 69 087 kg/hm^2，比单播增产鲜草 12 084 kg/hm^2。

混播牧草比单播牧草含有较完全的营养成分，豆科牧草含有较高的蛋白质、钙和磷；而禾本科含有较多的碳水化合物。在混播中利用豆科牧草根瘤菌固定和利用大气中的游离氮素，提高土壤肥力，从而减少氮肥的施用量，使禾本科牧草蛋白质含量增加。单纯由豆科牧草构成的放牧草地会引起放牧牲畜发生膨胀病，禾本科牧草不会引发放牧牲畜膨胀病，但其蛋白质含量较低，且无共生固氮能力，单独由禾本科牧草构成的放牧草地也不理想。两者混播，既能较好地满足放牧牲畜的蛋白质营养需求，又能避免放牧牲畜膨胀病的发生，还可减少草地管理的氮肥投入。混播处理茎叶比明显低于单播，其中燕麦抽穗期降低 0.56%，完熟期降低 2.55%，说明随着牧草生长期的延长，混播草地叶量明显增加，主要是由于箭筈豌豆的介入而使茎叶比显著降低，牧草品质变优。燕麦与箭筈豌豆混播草地与燕麦单播相比，其粗蛋白质含量和产量分别增加了 30.09%~32.38% 和 26.54%~ 51.49%，而 NDF 含量降低 0.38%~7.85%，ADF 降低了 6.03%，而另一试验 ADF 含量升高了 6.79%。混播群落在增加干物质产量和提高光能利用率的同时，也可有效增加豆科牧草的比例，改善牧草品质。

燕麦与箭筈豌豆混播种植方法简单，投资少，能有效提高饲草产量，比单播产量提高 2.4 倍，平均株高可达 120cm，茎粗而脆，便于收割和调制青干草或青贮，且有效搭配了牧草成分，适口性好，营养丰富，是高寒牧区冬春补饲的饲草首选。而且混播后豆科牧草根瘤菌的固氮作用可有效提高土壤肥力，增加土壤有机质，有利于后期作物生长，经济、社会和生态效益显著，具有良好的推广种植前景。

（二）黑麦与箭筈豌豆混播

1. 应用地区

目前，在青藏高原高海拔区域黑麦与箭筈豌豆混播的研究甚少，在川西北高寒牧区黑麦与箭筈豌豆混播比例的研究还未见报道。目前，国内外对高寒地区建立一年生禾本科与豆科牧草混播人工草地已有了大量的研究，结果表明，混播人工草地中各群落组分并非直接竞争，对时间、空间、营养、资源的利用及相互作用更趋向于协同、互补，而甘引 1 号黑麦与箭筈豌豆混播的研究尚未报道。富新年（2016）在甘肃省天祝县高寒地区以禾本科甘引 1 号黑麦和豆科牧草箭筈豌豆为种质材料，进行试验研究，为高寒地区建立优质高产的一年生混播人工草地提供可靠的理论依据。马春晖（1999）在位于华北农牧交错带的河北省承德地区鱼儿山牧场中国农业大学科技攻关试验站，对冬牧 70 黑麦和箭舌豌豆单播及混播进行了动态研究，以确定适应当地自然条件的混播比例，为建立高产优质一年生混播人工草地提供依据。

2. 黑麦的生育特征和生活习性

黑麦（*Secale cereale* L.）为禾本科黑麦草属植物，全世界有 20 多种，其中经济价值最高、栽培最广的有两种，即多年生黑麦草和一年生黑麦草。多年生黑麦草原产西欧、北非和西南亚。中国江苏、浙江、湖南、山东等地引种良好，成为牧草生产组合和冬春季牧草供应的当家品种，是牛、羊、兔、猪、鱼冬春青绿饲料供应的重要牧草。多年生黑麦草生长快，分蘖多，繁殖力强，茎叶柔嫩光滑，茎秆柔软，叶量大，营养丰富，适口性好，营养价值较高，氨基酸含量丰富，含多种微量元素，高蛋白、高脂肪、高赖氨酸。在高海拔地区种植具有良好的生长表现，加之黑麦茎秆粗壮，植株高大，不易倒伏，产草量高，非常适合与藤蔓性较强的箭筈豌豆（*Vicia sativa* L.）混播，是牛、羊、兔、草鱼等草食性动物冬、春理想青饲和青贮饲料。多年生黑麦草须根发达，根系较浅，主要分布于 15cm 以内的土层中，茎秆直立光滑。株高 50~120cm，叶片柔软下披，叶背光滑而有光亮，深绿色，长 20~40cm，宽 0.7~1cm，小穗花较多，一般 10~20 朵，外穗长 4~7mm，无芒，质薄端钝。种子为颖果，梭形，千粒重 1.5g 左右。多年生黑麦草喜温暖、湿润、排水良好的壤土或黏土生长。再生性强，耐刈割，耐放牧，抽穗前刈割或放牧能很快恢复生长。黑麦根系发达，耐严寒。与其他麦类作物比较，分蘖力强，根系发达，这也是耐寒的原因。

3. 混播的规格和模式

富新年（2016）在天祝县高寒地区以甘引 1 号黑麦和箭筈豌豆种质为材料，以产量、鲜干比、茎叶比以及株高等主要农艺性状为指标，探索其最佳混播组合。结果表明，甘引 1 号黑麦 60% + 箭筈豌豆 40%的混播草地种间协同效应最佳，鲜草产量达 5 722.86kg/hm^2，比甘引 1 号黑麦和箭筈豌豆单播增产 21.2%和 180%，且混播组合的株高、茎叶比和鲜干比较甘引 1 号黑麦和箭筈豌豆单播，其生物量、品质表现出更大的优越性，且甘引 1 号黑麦和箭筈豌豆的生长速率相对一致。研究表明，一年生混播人工草地各群落组分对时空、资源的利用并非完全直接竞争，在很大程度上存在着协同促进效应，优化了资源配置，提高了对光照、养分、水分的利用率。甘引 1 号黑麦茎秆粗壮且直立，叶量小，生长迅速，形成了较高的植物冠层，而箭筈豌豆茎秆纤细，叶量丰富，草层低，容易出现倒伏现象。将其二者混播，一方面甘引 1 号黑麦较高的植物冠层为箭筈豌豆的生长提供了一定的通透性和光照结构，提高了光能利用率，牧草产量积累迅速，同时，其直立茎秆为箭筈豌豆的向上生长提供支撑，避免了单播种群中常出现倒伏减产、下层枝叶脱落、霉变等现象；另一方面，箭筈豌豆具有增加土壤有机质含量，提高土壤肥力的作用，为甘引 1 号黑麦的生长提供了一定营养资源保障，其丰富的叶量和营养价值，极大地提高了牧草的品质和家畜的适口性。因此，甘引 1 号黑麦与箭筈豌豆混播的人工草地，不仅可以提高高寒地区牧草的生产能力，改善日益突出的草畜、生态矛盾，也可大幅度提高牧草的营养饲用价值，为天祝县畜牧业转型发展提供可靠的饲草料保障，同时也为高寒地区建立优质、高产人工草地提供了有效的发展模式。

马春晖（1999）在位于华北农牧交错带的河北省承德地区鱼儿山牧场中国农业大学科技攻关试验站，对冬牧 70 黑麦和箭筈豌豆单播及混播的一年生人工草地进行了生物量动态、牧草品质及种间竞争的研究。结果表明，冬牧 70 黑麦单播最佳刈割期为抽穗期，混播的最佳刈割期为黑麦乳熟早期，箭筈豌豆下部豆荚充满时期。最佳的混播组合为冬牧 70 黑麦 25%+ 箭筈豌豆 75% 和冬牧 70 黑麦 50%+ 箭筈豌豆 50%。从整个混播群落看，冬牧 70 黑麦生长快，植株高，其竞争力强于箭筈豌豆，在竞争中占优势。

毛凯（1997）用箭筈豌豆与黑麦草混播，成熟期的生物量显著高于单播，其中箭筈豌豆 85%+ 黑麦草 15% 和箭筈豌豆 30%+ 黑麦草 70% 两个组合的生物量最高，生物量积累速率呈平衡增加型，与单播黑麦草近似，而单播箭筈豌豆具明

显的峰值模式。在混播中，种间竞争力的强弱因生育期和混播比例的大小而变化。在同一混播组合中，箭筈豌豆种间竞争力强弱的变化模式为单峰型，而黑麦草则为“V”字形。在不同混播组合中，随着黑麦草混播比例的增加和箭筈豌豆比例的减少，黑麦草种间竞争力减弱，而箭筈豌豆则增强，要提高混播组合的生产力，优势植物种的存在具有积极的作用。

4. 效果分析

一年生牧草生育期短，生长速度快，产草量高，质量好，在中国南方草地农业中占有十分重要的地位。随着中国可持续农业的发展，混播一年生牧草的栽培与利用愈显重要。已有的研究成果表明，混播一年生牧草（尤以豆科与禾本科牧草混播）比之单播在提高产草量和改善品质方面都具有优势和潜力。

毛凯（1997）对箭筈豌豆和一年生黑麦草混播群落生物量动态和种间竞争力进行研究，结果表明，混播的生物量高于单播，其积累模式为平稳增长型。在同一混播组合中，种间竞争力的强弱随着群落的发育而变化，在生育期间，黑麦草的竞争力高于箭筈豌豆。在不同混播比例中，随着黑麦草比例的增加，其种间竞争力呈下降趋势。一次性刈割可获得较高的混播干物质产量，多次刈割可增加鲜草总产量，但不能提高干物质产量。

箭筈豌豆混播黑麦草，成熟期的生物量显著高于单播，其中箭筈豌豆 85%+黑麦草 15% 和箭筈豌豆 30%+ 黑麦草 70% 两个组合的生物量最高，生物量积累速率呈平衡增加型，与单播黑麦草近似，而单播箭筈豌豆具明显的峰值模式。

在不同混播组合中，随着黑麦草混播比例的增加和箭筈豌豆比例的减少，黑麦草种间竞争力减弱，而箭筈豌豆则增强，要提高混播组合的生产力，优势植物种的存在具有积极的作用。

富新年（2016）在天祝县高寒地区进行甘引 1 号黑麦与箭筈豌豆的混播试验，结果表明，甘引 1 号黑麦 60% + 箭筈豌豆 40% 的混播草地种间协同效应最佳，鲜草产量达 5 722.86kg/hm^2，比甘引 1 号黑麦和箭筈豌豆单播分别增产 21.2%和 180%，且混播组合的株高、茎叶比和鲜干比相较于甘引 1 号黑麦和箭筈豌豆单播，其生物量、品质表现出更大的优越性，且甘引 1 号黑麦和箭筈豌豆的生长速率相对一致。

一年生混播人工草地各群落组分对时空、资源的利用并非完全直接竞争，在很大程度上存在着协同促进效应，优化了资源配置，提高了对光照、养分、水分的利用率。甘引 1 号黑麦茎秆粗壮且直立，叶量小，生长迅速，形成了较高的植物冠层，而箭筈豌豆茎秆纤细，叶量丰富，草层低，容易出现倒伏现象。将其二者混播，一方面甘引1号黑麦较高的植物冠层为箭筈豌豆的生长提供了一定的通透性和光照结构，提高了光能利用率，牧草产量积累迅速，同时，其直立茎秆为箭筈豌豆的向上生长提供支撑，避免了单播种群中常出现倒伏减产、下层枝叶脱落、霉变等现象；另一方面，箭筈豌豆具有增加土壤有机质含量，提高土壤肥力的作用，为甘引1号黑麦的生长提供了一定营养资源保障，其丰富的叶量和营养价值，极大地提高了牧草的品质和家畜的适口性。因此，甘引1号黑麦与箭筈豌豆混播的人工草地，不仅可以提高高寒地区牧草的生产能力，改善日益突出的草畜、生态矛盾，也可大幅度提高牧草的营养饲用价值，为天祝县畜牧业转型发展提供可靠的饲草料保障，同时也为高寒地区建立优质、高产人工草地提供了有效的发展模式。

（三）其他混播

1. 小黑麦与箭筈豌豆混播

2009年，甘南州草原工作站从甘肃省草原总站引进小黑麦（*Triticum secale*）试种获得成功。经过连续几年的单播试验，小黑麦表现出茎叶生长繁茂、分蘖多、叶量大、叶茎比高等优良特性，抗逆性强，能适应多种不同的气候和环境条件，是一种很有种植潜力的粮饲兼用作物。在单播试验的基础上，为进一步验证小黑麦生产中的稳定性和丰产性，尚小生（2001）以单播小黑麦为对照，开展了小黑麦+箭筈豌豆比较试验，结果表明，小黑麦和箭筈豌豆混播，表现出较好的产草性能，适应甘南高寒牧区气候、温度、海拔等自然条件，对土壤要求不严，耐瘠薄性较好，选择中等肥力地块种植即可，具有种子迟熟、持青期长、抗逆性强（抗寒、抗旱、抗倒、病虫害少）等特点，可有效地利用甘南地区较多的干旱瘠薄土地和闲散地，缓解粮食生产与耕地种草矛盾、增加草食畜牧业、舍饲畜牧业饲草料的来源。

在甘南地区，小黑麦与箭筈豌豆混播生育期140~150d，小黑麦的生长发育规律与春播小麦相似，其适宜播种期可选在春小麦最适播种期内尽量早播，一般应在3月底至4月中旬播完。

小黑麦的利用方式多样，可收获籽实，也可生产饲草。作为牧草，小黑麦可以放牧，也可青饲、青贮或调制干草。青饲在灌浆初期收割，直接饲喂牲畜；调制干草和青贮，在乳熟、蜡熟早期收割草产量高。

2. 甜高粱与箭筈豌豆混播

甜高粱（*Sorghum dochna*）为普通高粱（*S.bicolor*）的一个变种，除具有普通高粱的一般特征外，其茎秆富含糖分，营养价值高，植株高大，具有抗旱、耐涝、耐盐碱、耐瘠薄等优良特性，而且适应性很广，无论是炎热的苏丹还是寒冷的加拿大都能生长。甜高粱适口性好，其最普遍的应用是做饲料，是世界上生物学产量最高的作物，甜高粱作为饲用植物在世界各地受到广泛重视。近年来在美国西北部，甜高粱常常被作为青贮玉米的替代品进行研究。中国近几年的引种试验表明，甜高粱生长快、产量高、抗病能力强，具有很好的发展潜力。

为了探讨在高寒牧区种植饲用高粱的可能性及生产性能，李春喜等（2012）引进了国内外优良品种，在青海省祁连县扎麻什乡河西村进行饲用高粱品种比较试验，2013 年开展了品质分析和密度、追肥及与箭筈豌豆混播和混播品质的研究，选用的品种为九甜杂三号，结果表明，九甜杂三品种与箭筈豌豆混播，高粱的单穴鲜重、单穴干重、鲜草产量和干草产量比高粱九甜杂三单播显著降低，分别降低 27.48%、28.67%、19.01% 和 20.37%，混播箭筈豌豆平均株高 107.42cm，单穴鲜重 16.33g，干重 13.78g，鲜草产量 9 376kg/hm^2 和 1 699kg/hm^2，占总产量的 16.54% 和 19.95%。

九甜杂三单播和其与箭筈豌豆混播的水分含量分别为 4.45% 和 4.27%，混播比单播低 0.18 %；灰分含量单播和混播分别 7.09% 和 8.51%，混播比单播高 1.42%；粗蛋白含量单播和混播分别为 8.94% 和 14.28%，混播比单播高 5.34%；粗脂肪含量单播和混播分别为 0.82% 和 0.84%；粗纤维含量单播和混播分别为 33.85% 和 31.48%，混播比单播低 2.37%；中性洗涤纤维含量单播和混播分别为 57.61% 和 53.37%，混播比单播低 4.24%；酸性洗涤纤维含量单播和混播分别为 34.77% 和 32.56%，混播比单播低 2.21%；无氮浸出物含量单播和混播分别为 44.77% 和 40.63%，混播比单播低 4.14%。

在高寒牧区高粱与箭筈豌豆混播，对高粱生长性状有显著影响；混播与单播总鲜草产量和总干草产量差异不显著。与箭筈豌豆混播灰分含量增加和无氮浸出物的降低对饲草品质有一定影响；但是混播粗蛋白含量提高 5.34%；粗纤维含量降低 2.37 %，中性洗涤纤维含量降低 4.24%，酸性洗涤纤维含量降低 2.21%，又极大的提高了饲草的品质。

本章参考文献

曹莉，秦舒浩，张俊莲，等 .2013. 轮作豆科牧草对连作马铃薯田土壤微生物菌群及酶活性的影响［J］. 草业学报，22（3）：139–145.

曹仲华，魏军，杨富裕，等 .2007. 西藏山南地区箭筈豌豆与丹麦“444”燕麦混播效应的研究［J］. 西北农业学报，16（5）：67–71.

陈功，贺兰芳 .2005. 燕麦箭筈豌豆混播草地某些生理指标的研究［J］. 草原与草坪（4）：47–50.

陈建纲 .2006. 箭筈豌豆及其栽培利用［J］. 农村百事通（3）：47.

邓艳芳 .2015. 饲草型箭筈豌豆栽培技术规范［J］. 青海草业，24（2）：43–45.

杜珊珊，杨倩，张清平，等 .2015. 保护性耕作对黄土旱塬箭筈豌豆地土壤呼吸的影响［J］. 水土保持学报，35（6）：144–148.

富新年，潘正武，孟祥君，等 .2016. 高寒地区甘引 1 号黑麦与箭筈豌豆混播试验研究［J］. 畜牧兽医杂志，35（4）：15–17.

韩梅，张宏亮，郭石生，等 .2013. 绿肥作物箭筈豌豆种质产量性状综合评价［J］. 作物杂志（4）：67–69.

韩梅，张宏亮，曹卫东 .2014. 绿肥作物箭筈豌豆萌发期抗旱性研究［J］. 青海农林科技（2）：1–4.

韩善华 .1991. 箭舌豌豆根瘤中根瘤菌的形态变化观察［J］. 实验生物学报（2）：175–179.

胡小文，王彦荣，南志标，等 .2004. 播期对春箭筈豌豆种子质量的影响［J］. 生态学报，24（3）：409–413.

姬万忠 .2008. 高寒地区燕麦与箭筈豌豆混播增产效应的研究［J］. 中国草地学报，30（5）：106–109.

苟久兰，秦松，孙锐锋，等 .2012. 箭筈豌豆旱地留种技术规程［J］. 贵州农业科学，40（10）：79–80.

蒋海亮，张清平，沈禹颖 .2014. 黄土高原旱塬区间作比例对燕麦 / 箭筈豌豆系统的影响［J］. 草业科学，31（2）：272–277.

金志培 .1981. 箭舌豌豆根瘤固氮活性的研究［J］. 江苏农业科学（5）：42–44.

李春喜，叶润蓉，孙菁，等 .2015. 祁连山牧区种植甜高粱及与箭筈豌豆混播的

产量和品质研究［J］. 青海草业，24（4）：9–13.

李春喜，叶润荣，周玉碧，等 .2016. 高寒牧区燕麦与箭筈豌豆混播生产性能及营养价值评价［J］. 草原与草坪，36（5）：40–45.

李积智，陈雅萍 .2012. 箭筈豌豆的抗旱保水效果分析［J］. 草业与畜牧（2）：13–15.

李锦华，张小甫，田福平，等 .2011. 西藏达孜箭筈豌豆西牧 324 播种期试验［J］. 中国草食动物，31（5）：40–42.

李荣，洪汝兴，顾荣申 . 1989.80–142 箭豌的选育及其应用效果［J］. 江苏农业科学（6）：13–15.

李廷山，王娟，胡小文 .2013.4 种野豌豆种子萌发对水分胁迫的响应［J］. 草业科学，30（8）：1 200–1 207.

李志昆 .2008. 牧草混播在高寒牧区的应用［J］. 养殖与饲料（4）：110–112.

刘国一 .2005. 西藏中部农区冬小麦套种箭筈豌豆研究［J］. 西藏农业科技（1）：27–30.

吕阳，程文达，黄珂，等 .2011. 低磷胁迫下箭筈豌豆和毛叶苕子根际过程的差异比较［J］. 植物营养与肥料学报，17（3）：674–679.

马春晖，韩建国 .1999. 冬牧 70 黑麦 + 箭筈豌豆混播草地生物量、品质及种间竞争的动态研究［J］. 草地学报（4）：56–64.

马春晖，韩建国 .2000. 燕麦单播及其与箭筈豌豆混播草地最佳刈割期的研究［J］. 草食家畜（3）：42–45.

马军，郑伟，朱婧蓉，等 .2015. 燕麦与箭筈豌豆混播草地不同刈割时期生产性能的对比分析［J］. 新疆农业科学，52（8）：1 547–1 554.

马文彬，姚拓，王国基，等 .2014. 根际促生菌筛选及其接种剂对箭筈豌豆生长影响的研究［J］. 草业学报，23（5）：241–242.

马文彬，姚拓，荣良燕，等 .2015. 无外源氮素条件下接种促生菌对箭筈豌豆生长及根系特性的影响［J］. 草地学报，23（3）：496–501.

毛凯，周寿荣，王四敏，等 .1997. 箭筈豌豆混播黑麦草生物量和种间斗争的研究［J］. 草地学报，5（1）：8–14.

毛祝新，傅华，牛得草，等 .2015. 箭筈豌豆兰箭 1 号在夏河地区的最佳刈割期［J］. 草业学报，32（10）：1 653–1 659.

齐来功 .2013. 渭北丘陵山区箭筈豌豆栽培要点［J］. 科学种养（8）：47.

屈海琴 .2012. 豌豆肥力与密度试验结果初报［J］. 农业科技与信息（2）：18–20.
任永霞，郭郁频，刘贵河，等 .2016. 三种野豌豆属牧草种子萌发期抗旱性的研究［J］. 作物杂志（3）：158–162.
任媛媛，张世挺，罗燕江，等 .2011. 救荒野豌豆对根竞争的响应及其识别机制［J］. 兰州大学学报（自然科学版），47（7）：64–68.
尚小生 .2012. 小黑麦 + 箭筈豌豆混播试验初报［J］. 草业与畜牧（11）：17–19.
孙爱华，鲁鸿佩，马绍慧 .2003. 高寒地区箭筈豌豆 + 燕麦混播复种试验研究［J］. 草业科学，20（8）：37–38.
孙磊，魏学红，林园园，等 .2012. 西藏拉萨市“白燕 2 号”与箭筈豌豆不同混播比较研究［J］. 中国农学通报，28（29）：15–19.
田福平，时永杰，周玉雷，等 .2012. 燕麦与箭筈豌豆不同混播比例对生物量的影响研究［J］. 中国农学通报，28（20）：29–32.
王伟，徐成体 .2016. 河南县燕麦和箭筈豌豆不同混播比例草地生产性能的综合评价［J］. 青海畜牧兽医杂志，46（1）：10–12.
王旭，曾昭海，胡跃高，等 .2007. 豆科与禾本科牧草混播效应研究进展［J］. 中国草地学报 29（4）：92–98.
王旭，曾昭海，朱波，等 .2007. 箭筈豌豆与燕麦不同间作混播模式对产量和品质的影响［J］. 作物学报，33（11）：1 892–1 895.
王雪翠，马晓彤，韩梅，等 .2016. 青海箭筈豌豆根瘤菌的筛选及其共生体耐盐性研究［J］. 草业学报，25（8）：145–153.
王雁丽，郑敏娜，薛龙飞 .2013. 高寒地区春箭筈豌豆抗旱高效种植栽培技术［J］. 陕西农业科学（2）：250–251，257.
王雁丽，郑敏娜，韩志顺 .2016. 春箭筈豌豆生长动态及收割期的研究［J］. 中国农学通报，32（9）：71–76.
徐加茂 .2012. 箭筈豌豆的种植与管理［J］. 草业与畜牧（7）：28–29.
徐杉，李彦忠 .2016. 箭筈豌豆真菌病害研究进展［J］. 草业学报，25（7）：203–214.
杨晓，丽锦华，朱新强，等 .2013. 西藏达孜箭筈豌豆不同播种期种子生产性能研究［J］. 中国草食动物科学，33（5）：37–39.
张东杰 .2010. 盐分对箭筈豌豆种子萌发的胁迫作用［J］. 黑龙江畜牧兽医（19）：103–104.

张宏亮，韩梅，郭石生，等.2010.几种因素变化对箭筈豌豆和毛苕子生长的影响［J］.安徽农业科学，38（31）；17 499-17 503.

张延林，李天银，侯建荣，等.2017.玉门地区燕麦与箭筈豌豆不同比例混播效果研究［J］.现代农业科技（7）：243-244.

赵国君.2014.海北州燕麦与箭筈豌豆混播种植调查［J］.青海畜牧兽医杂志，44（1）：34-35.

赵永莉.2009.箭筈豌豆留种田超高产栽培［J］.北京农业（28）：13-14.

周勇辉，刘玉萍，李兆孟，等.2016.青藏高原东北部3种野豌豆种子萌发特性的研究［J］.西南农业学报，29（5）：1 193-1 196.

第三章　箭筈豌豆品质与利用

第一节　箭筈豌豆品质

一、箭筈豌豆营养品质

（一）概述

箭筈豌豆结荚期混合饲草产量最高，饲草粗蛋白、粗脂肪含量较高，而酸性洗涤纤维（ADF）与中性洗涤纤维（NDF）较低。N、P 及其互作对混播燕麦与箭筈豌豆株高、产量、养分含量的影响显著；在相同施 P 水平下，随着 N 的增加，干草产量、株高和粗蛋白呈现先增后减的变化趋势；粗脂肪、ADF 和 NDF 含量随 N 肥施用量的增加有不同程度的降低；在相同施 N 水平下，随 P 肥施用量的增加，粗蛋白、粗脂肪、ADF 呈增加的趋势，而 NDF 逐渐降低。

（二）粗蛋白

1. 含量

豌豆粗蛋白含量的测定参照 GB 50095—2010《食品安全国家标准食品中蛋白质的测定》（N × 6.25）进行豌豆粗蛋白含量的测定，豌豆材料种子总蛋白质含量为 17.58%~28.67%。

李超等（2012）研究表明，春秋草地围栏内牧草营养成分在不同经济类群的粗蛋白含量依次为豆科草 > 禾草 > 莎草类草 > 杂类草，含量分别为 17.53%、15.19%、12.38% 和 11.60%，粗蛋白豆科草含量最高。夏草地围栏内不同经济类群牧草营养成分的粗蛋白含量依次为豆科草 > 杂类草 > 禾草 > 莎草类草，分别为 13.42%、10.84%、10.42% 和 8.22%，豆科草含量最高，莎草类草含量偏低。

2. 作用

粗蛋白含量的高低是牧草品质评价的重要指标。蛋白质是反刍动物重要的营养源，家畜采食的饲料蛋白质进入瘤胃后，可在一定程度上被瘤胃微生物分解、转化，饲料蛋白质的含量制约着动物生产性能的发挥。进而影响牧民从家畜获得的经济效益，限制着牧区经济发展。

粗蛋白是饲料中含氮物质的总称，含有各种必需氨基酸，是决定牧草饲用营养价值的重要基础（韩友文，1997）。蛋白质是植物生命活动的重要物质，高温会使植物体内的蛋白质发生降解，作物体内游离氨基酸含量增加，当氨基酸含量过高时，会使植物产生氨中毒（陈亮等，1996；杨春明等，1994）。同时，蛋白质是构成动物肌肉、皮、毛、血液和组织的主要成分。细胞中的原生质、酶、激素、抗体等都是由蛋白质组成。高温条件下蛋白质的水解作用加强，这是由于脯氨酸含量升高所致，它使高温下蛋白质空间构型被破坏、氨键等次级键断裂、巯基被氧化成二硫键等造成蛋白质变性失活的过程减缓，有利于植物细胞结构和功能的维持。另外，还能减控高温胁迫造成的氨毒害，因此对植物有保护作用；但由于植物体内脯氨酸的积累是伴随着蛋白质的降解而开始的，因此，有研究认为，作物体内脯氨酸的积累不是一种保护作用，而是一种伤害结果，高温胁迫下体内游离脯氨酸积累量较少的作物具有较强的抗热性；但研究发现，植物的游离脯氨酸的总量与热激时间的变化并不一致，因而认为高温条件下游离脯氨酸含量变化并不是蛋白质分解加强造成的，而是植物体在高温胁迫下脯氨酸代谢活动加强的结果，是植物适应高温的一种保护性适应。

单位面积粗蛋白产量是决定饲草品质非常重要的条件之一，饲草中蛋白质含量越高，则品质越好。NDF 和 ADF 是粗纤维的基本组成成分。由于 ADF 的消化率低，适口性差，因此其含量直接影响饲草品质。不同施肥处理燕麦与箭筈豌豆混播植株营养成分有明显变化，在相同施 P 水平下，随 N 肥施用量的增加，混合样粗蛋白质、P 含量呈先增后减的变化；粗脂肪、ADF 和 NDF 含量随 N 肥施用量的增加有不同程度的降低；在相同施 N 水平下，随 P 肥施用量的增加，粗蛋白、粗脂肪、ADF、P 呈增加的趋势，而 NDF 逐渐降低。箭筈豌豆结荚期收获，蛋白质含量高，燕麦与箭筈豌豆混播使饲草中粗蛋白含量增加 4.79%~85.79%；混播纤维含量总体呈现降低趋势，明显提高了饲草品质及适口性。燕麦前期生长迅速，抽穗期后生长平稳，箭筈豌豆现蕾期后生长速度明显高于燕麦，表明燕麦和箭筈豌豆对资源的需求出现在不同时期，具有互补性。燕麦与箭筈豌豆混播使群落形成了冠层，提高了光能利用率，改善了草层受光结构，可提高饲草产量及品质，提高冬春季家畜补饲水平，降低天然草地载畜压力，是高寒牧区人工草地种植的一种高效模式。玉米 // 箭筈豌豆间作情况下，普通地膜覆盖、秸秆覆盖和无覆盖的箭筈豌豆粗蛋白含量分别为 25.11%、26.42% 和 27.44%，普通地膜覆盖、秸秆覆盖和无覆盖的箭筈豌豆粗蛋白显著高于生物可降解地膜覆盖，而普通地膜覆盖与秸秆覆盖和无覆盖之间相差不显著。与无覆盖相比，普通地膜覆盖、生物可降解地膜覆盖和秸秆覆盖的箭筈豌豆粗蛋白含量分别减少 8.49%、25.04% 和 3.72%。

箭筈豌豆在不同生态区的品质性状有所不同。其中，粗蛋白质性状最稳定，受环境因素的影响最小，该性状主要由基因型决定。可溶性糖和粗脂肪性状变异幅度较大，主要受环境因素的影响，受基因型和基因型 × 环境交互作用影响较弱。研究结果表明，箭筈豌豆粗蛋白质含量品种间和地点间的含量差异不显著。但有的研究认为粗蛋白质含量主要受环境的影响，林素兰（1997）对小麦的研究表明，在 23° ~45° N，纬度每升高 1 °，蛋白含量增加 5% ；张吉应（2005）指出，高温下蛋白质含量较高。而在本研究的 3 个试验区，纬度变化范围为 34° 17′ ~35° 39′ N，不同纬度试验点之间粗蛋白质含量无显著性差异。而粗蛋白性状品种间的变异较小（变异系数为 1.73%~1.89%），不同品种在不同试验区粗蛋白质含量变化范围为 23.86%~28.55%。可见，饲草作物的粗蛋白质含量主要由基因型决定。

（三）粗脂肪

粗脂肪是富含热能的养分，是提供能量的主要物质，在饲料中是仅次于粗蛋白的重要能源物质，对饲料的品质有重要的影响。家畜虽然能利用蛋白质和碳水化合物合成脂肪，但仍需要由饲料供给一定数量的脂肪。玉米 // 箭筈豌豆间作情况下，无覆盖和秸秆覆盖的箭筈豌豆粗脂肪分别为 2.83% 和 2.72%，无覆盖和秸秆覆盖的箭筈豌豆粗脂肪显著高于普通地膜覆盖和生物可降解地膜覆盖，普通地膜覆盖的箭筈豌豆粗脂肪显著高于生物可降解地膜覆盖，秸秆覆盖与无覆盖之间相差不显著。与无覆盖相比，普通地膜覆盖、生物可降解地膜覆盖和秸秆覆盖的箭筈豌豆粗脂肪分别降低 8.48%、25.09% 和 3.89%。

粗脂肪是饲料中重要的营养成分之一。脂肪是家畜组织细胞的一个重要成分，脂肪与蛋白质结合生成的脂蛋白，在调节家畜生理机能、生化反应方面具有重要的作用。因此，饲料中脂肪含量的高低是评价饲草饲用价值的重要指标之一。

（四）粗灰分

粗灰分主要为矿物质氧化物或盐类等无机营养物质。粗灰分含量是控制饲料质量的重要依据（李艳琴等，2008）。玉米//箭筈豌豆间作情况下，无覆盖的箭筈豌豆粗灰分达到最大值15.19%，无覆盖的箭筈豌豆粗灰分显著高于普通地膜覆盖和生物可降解地膜覆盖，普通地膜覆盖的箭筈豌豆粗灰分显著高于生物可降解地膜覆盖，秸秆覆盖与普通地膜覆盖和无覆盖之间相差不显著。与无覆盖相比，普通地膜覆盖、生物可降解地膜覆盖和秸秆覆盖的箭筈豌豆粗灰分分别降低8.49%、25.02%和3.69%。

（五）洗涤纤维

中性洗涤纤维（NDF）和酸性洗涤纤维（ADF）是衡量粗纤维的基本组成成分，其含量在不同生育期有所不同。由于ADF成分消化率低，适口性差，因此其含量直接影响饲草品质。试验结果表明，单作及间作处理燕麦NDF含量随着饲草生长期的延长有所增加，混作燕麦处理则相反，箭筈豌豆NDF含量随着饲草生长期的延长有所增加。燕麦ADF含量随着刈割期的推迟而降低，该结论与通常所认为的，即随着饲草的生长发育，纤维素含量逐渐升高结论相悖，但与Brundage等（1970）、Klebesadel（1969）的研究结果一致，因为燕麦进入乳熟期后，穗成分（籽粒）所占比例增加，致使ADF含量比生长前期反而下降。单作及间作处理箭筈豌豆ADF含量随着饲草生长期的延长有所增加，混作箭筈豌豆处理则相反。其中灌浆期间作处理H4和H6的NDF和ADF值较低，蜡熟期混作处理H11的值较低。

酸性洗涤纤维（ADF）含量的高低直接影响牧草的品质及其消化率，酸性洗涤纤维含量高，牧草消化率低，品质劣（贾慎修，1995；李永宏，1997）。玉米//箭筈豌豆间作情况下，普通地膜覆盖和生物可降解地膜覆盖的箭筈豌豆ADF分别为35.72%和35.04%，普通地膜覆盖和生物可降解地膜覆盖的箭筈豌豆ADF显著高于无覆盖，秸秆覆盖与普通地膜覆盖和生物可降解地膜覆盖、秸秆覆盖与无覆盖之间相差不显著。与无覆盖相比，普通地膜覆盖、生物可降解地膜覆盖和秸秆覆盖的箭筈豌豆ADF分别增加7.24%、5.19%和2.25%。

中性洗涤纤维（NDF）含量与干物质的采食量呈负相关，NDF与家畜对干物质采食量（DMI）的相关系数为-0.76，如果NDF增加，家畜采食量就要下降。玉米//箭筈豌豆间作情况下，普通地膜覆盖和生物可降解地膜覆盖的箭筈豌豆NDF分别为60.73%和59.57%，普通地膜覆盖和生物可降解地膜覆盖的箭筈豌豆 NDF 均显著高于秸秆覆盖和无覆盖，而普通地膜覆盖与生物可降解地膜覆盖、秸秆覆盖与无覆盖的箭筈豌豆 NDF 相差不显著。与无覆盖相比，普通地膜覆盖、生物可降解地膜覆盖和秸秆覆盖的箭筈豌豆 NDF 分别增加 7.24%、5.19% 和 2.24%。

相对饲用价值（RFV）是基于 NDF 和 ADF 值评价饲草品质的基本指数。研究中单播箭筈豌豆在两次刈割期都表现为最高的 RFV 值，而单播燕麦的 RFV 值最低，混播牧草的饲用价值明显高于单作，混作处理居于二者单播之间，与单播燕麦相比间混作提高饲草 RFV 值的幅度为 0.34%~22.67%。所有同行混播处理在蜡熟期具有较灌浆期更高的 RFV 值，说明此时收割饲草营养品质较灌浆期好，这与前述 NDF、ADF 变化趋势相一致。

ADF 和 NDF 表征了细胞壁营养。植物细胞可被分成不易消化的包括半纤维素、纤维素及木质素和最易消化的淀粉与糖等，这两个组分能够用中性洗涤剂、酸性洗涤剂分离。ADF 包括细胞壁中的纤维素和木质素，而中性洗涤纤维包括细胞壁中的纤维素、木质素和半纤维素。

二、影响箭筈豌豆品质的因素

（一）种植方式对箭筈豌豆品质的影响

建立高效优质的饲草生产体系是发展草食家畜生产的基础。在中国青海、甘肃等西部冷凉地区，许多农牧民通过开展燕麦与箭筈豌豆间作生产优质青干草。燕麦与箭筈豌豆间作生产体系中，燕麦作为箭筈豌豆攀附支撑物，可促使箭筈豌豆获得更大的叶面积和更好的光照条件，箭筈豌豆则可以通过根瘤菌固氮，提高土壤肥力，增加饲草群体蛋白质含量。前人对燕麦和箭筈豌豆间作系统进行的研究包括播量、间作比例、草层结构、产量与品质等。

箭筈豌豆是优良的豆科牧草，与燕麦混播可以明显提高产量、改善饲草品质。寇明科等（2003）研究发现，高寒牧区箭筈豌豆和燕麦混播具有非常明显的增产效果，平均鲜草产量提高 26%。Velazquez-Beltran 等（2002）的研究结果表明，燕麦与箭筈豌豆混播，平均鲜草产量为 31 000kg/hm^2，比单播高 20.5%，粗蛋白产量也明显提高。Moreira（1989）认为箭筈豌豆与燕麦混播比燕麦单播的鲜草产量、粗蛋白含量和可消化有机物质均有所增加。

燕麦与箭筈豌豆间作能否增产，已有的结论明显不一致。有些研究者认为燕麦和箭筈豌豆间作后，饲草产量比燕麦单作高，而有些研究者认为间作产量比燕

麦单作低。陈功等（2005）和 Assefa 等（2001）研究间作后草产量与燕麦单作差异不显著。从文献中发现，以往研究者的试验设计多采用固定行距与总播量，用箭筈豌豆替代部分燕麦的方式进行间作比例的设置。由于燕麦占饲草总量比重大，减少燕麦行数造成的产量降低不能由增加箭筈豌豆行数的增产来弥补时，间作系统产量减少。箭筈豌豆是粮、草、饲、肥兼用作物之一，在中国草地农业系统中起着举足轻重的作用，与燕麦混播，调制青干草，用于冬春补饲，是解决牧区家畜营养不足的有效措施；其根茬还田可培肥地力、增加后作产量，还能改善土壤理化性状、提高土壤有机质含量及促进农田养分循环，同时是优良的水土保持和固沙植物，具有饲用和生态双重价值。

通过对 N、P 及其互作对燕麦与箭筈豌豆混播干草产量、主要营养品质方差分析表明，N 肥对燕麦与箭筈豌豆混播干草产量、粗蛋白质、粗脂肪、中性洗涤纤维、酸性洗涤纤维等的含量影响均达极显著水平，说明施 N 肥可以促进植株生长，增加产量，改善饲草品质，提高饲用价值；P 肥可以极显著地增加 ADF 含量，而对其他品质指标及产草量无显著影响；N、P 互作时对 NDF 及 ADF 含量达显著影响。

燕麦与箭筈豌豆不同的间作比例及刈割时期对混播草地的牧草品质具有不同程度的影响。牧草的粗蛋白质含量、中性洗涤纤维和酸性洗涤纤维等是衡量其营养品质的主要指标。粗蛋白含量越高，牧草品质越好。相对饲用价值是衡量牧草为家畜提供营养能力的一个良好指标，ADF 和 NDF 对于牧草 RFV 值的确定非常重要，ADF 值越小，饲草适口性越好。

燕麦箭筈豌豆不同间作比例下，盛花期燕麦和箭筈豌豆粗蛋白含量同一部位差异不显著。盛花期燕麦小穗的粗蛋白含量显著高于莲叶的粗蛋白含量，燕麦小穗粗蛋白含量高出茎叶粗蛋白含量依次为：11%、16%、7%、10%、16%、7%、0%，但处理间差异不显著。盛花期箭筈豌豆叶的粗蛋白含量显著高于茎的粗蛋白含量，随着燕麦间作比例的减小箭筈豌豆叶的粗蛋白含量高出茎的粗蛋白含量依次为：0%、56%、58%、53%、62%、66%、60%，说明间作比例对燕麦箭筈豌豆间作下粗蛋白含量影响较小。

燕麦箭筈豌豆不同间作比例下，两个氮水平下盛花期燕麦粗蛋白含量并未呈现规律性的变化。高氮水平下，盛花期燕麦的粗蛋白含量在间作比例为 1∶0、2∶1 下显著低于其他间作比例下的粗蛋白含量，燕麦的粗蛋白含量较燕麦单播增加了 17.86%。低氮水平下，盛花期燕麦的粗蛋白含量在间作比例为 1∶0、

2∶1 下显著低于其他间作比例下的粗蛋白含量。燕麦的粗蛋白含量较燕麦单播增加了 11.45%。高氮水平下，盛花期箭筈豌豆的粗蛋白含在间作比例为 1∶4 下显著低于其他间作比例下的粗蛋白含量。箭筈豌豆的粗蛋白含量较箭筈豌豆单播增加了 5.44%。低氮水平下，盛花期燕麦的粗蛋白含量在间作比例为 1∶4 下显著低于其他间作比例下的粗蛋白含量。箭筈豌豆的粗蛋白含量较箭筈豌豆单播增加了 5.98%。对比 2011 年的试验研究结果，施氮对牧草的粗蛋白含量有显著的影响。

燕麦 // 箭筈豌豆不同间作比例下，高氮水平下盛花期燕麦的灰分、中性洗涤纤维、酸性洗漆纤维和有机质含量并未随着燕麦间作比例变化呈现规律性的变化。盛花期燕麦的灰分含量在间作比例 4∶1、1∶4 下显著高于其他间作比例下的灰分含量。燕麦的灰分含量较燕麦单播降低了 4.89%。盛花期燕麦的中性洗漆纤维含量在间作比例为 1∶0、2∶1、1∶1 下显著高于其他间作比例下的中性洗涤纤维含量，燕麦的中性洗漆纤维含量较燕麦单播降低了 8.67%。盛花期燕麦的酸性洗涤纤维含量在间作比例为 1∶0、4∶1、2∶1 下显著高于其他间作比例下的酸性洗涤纤维含量，燕麦的酸性洗漆纤维含量较燕麦单播降低了 7.56%。盛花期燕麦的有机质含量在间作比例为 4∶1 下显著高于其他间作比例下的有机质含量，燕麦的有机质含量较燕麦单播增加了 2.97%。盛花期，箭筈豌豆的灰分含量在间作比例 2∶1、1∶2、1∶4 下显著高于其他间作比例，箭筈豌豆的灰分含量较箭筈碗豆单播降低了 2.20%。箭筈豌豆的中性洗漆纤维含量在间作比例为 4∶1、1∶4、0∶1 下显著大于其他间作比例下的中性洗漆纤维含量，箭筈豌豆的中性洗漆纤维含量较箭筈豌豆单播降低了 8.52%。箭筈豌豆的中性洗漆纤维含量在间作比例为 4∶1、2∶1、1∶4、0∶1 下显著高于其他间作比例下的中性洗漆纤维含量，箭筈豌豆的酸性洗漆纤维含量较单播降低了 12.77%。箭筈豌豆的有机质含量在间作比例为 2∶1、1∶4 下显著高于其他间作比例下的有机质含量，箭筈豌豆的有机质含量较单播增加了 6.57%。

燕麦箭筈豌豆不同间作比例下，低氮水平下盛花期燕麦灰分、中性洗涤纤维、酸性洗涤纤维和有机质含量并未随着燕麦间作比例变化呈现规律性的变化。盛花期燕麦的灰分含量在间作比例 1∶0、1∶1 下显著高于其他间作比例下的灰分含量，燕麦的灰分含量较燕麦单播降低了 30.39%。燕麦的中性洗涤纤维含量在间作比例 1∶0、4∶1、2∶1、1∶2 下显著高于其他间作比例下的中性洗涤纤维含量，燕麦的中性洗涤纤维含量较燕麦单播降低了 7.05%。燕麦的酸性洗涤

纤维含量在间作比例 1：0、1：1、1：2 下显著高于其他间作比例下的酸性洗涤纤维含量，燕麦的酸性洗涤纤维含量较单播降低了 9.43%。燕麦的有机质含量在间作比例 2：1 下显著高于其他间作比例下的有机质含量，较燕麦单播增加了 8.85%。盛花期，箭筈豌豆的灰分含量在间作比例 2：1、1：2、1：4 下显著高于其他间作比例下的灰分含量，箭筈豌豆的灰分含量较单播降低了 9.41%。箭筈豌豆的中性洗涤纤维含量在间作比例 4：1、1：2、1：4 下显著大于其他间作比例下的中性洗涤纤维含量，箭筈豌豆的中性洗涤纤维含量较单播降低了 1.17%。箭筈豌豆的酸性洗涤纤维含量在间作比例 4：1、2：1、1：4、0：1 下显著高于其他间作比例下的酸性洗涤纤维含量，箭筈碗豆的酸性洗涤纤维含量较箭筈豌豆单播降低了 5.99%。箭筈豌豆的有机质含量在间作比例 1：2、1：4、0：1、下显著大于其他间作比例下的有机质含量，箭筈豌豆的有机质含量较单播增加了 1.17%。通过两年的研究表明，燕麦箭筈豌豆间作对牧草的灰分、中性洗涤纤维、酸性洗涤纤维和有机质含量有显著的影响。燕麦 // 箭筈豌豆间作可提高牧草的营养品质。燕麦箭筈豌豆在不同间作比例下，燕麦箭筈豌豆单个牧草的茎和叶的粗蛋白质、中性和酸性洗涤纤维、灰分和有机质含量等并不随间作比例的变化而发生明显变化。但箭筈豌豆的粗蛋白质含量显著大于燕麦的粗蛋白质含量，这表明，随箭筈豌豆在间作中比例的提高，混合牧草营养品质较好。

（二）水分和温度的影响

水是植物光合作用的原料，参与植物体内的各种生命代谢过程。水分缺乏或过量都会对植物产生不利的影响。

箭筈豌豆脂肪酸含量受到环境温度的显著影响。不饱脂肪酸含量均在中温（24/16℃）最高，而在高温（32/24℃）最低。较低温度下植物主要合成亚油酸和亚麻酸等不饱和脂肪酸，而在较高温度下不饱和脂肪酸含量降低，主要是棕榈酸等饱和脂肪酸含量的增加。可以认为，中温环境（24/16℃）可以增加牧草不饱和脂肪酸含量，有利于提高牧草的品质。

温度和水分对箭筈豌豆草产量影响显著。中温环境（24/16℃）下，箭筈豌豆豆草产量最大。温度和水分对箭筈豌豆的品质性状亦有不同程度的影响。在相同水分处理下，可溶性糖含量在低温环境（16/8℃）含量最高，而随着环境温度的升高显著降低。粗脂肪和粗蛋白质含量均在中温环境（24/16℃）最高，而在高温 32/24℃。最低。低温环境（16/8℃），有利于箭筈豌豆可溶性糖的积累，而中温环境（24/16℃）有利于粗蛋白质和粗脂肪的积累。

在青藏高原海拔4000m以下的高寒地区均可进行牧草生产，由于秋冬季气温较低，青贮发酵所需时间较平原地区更长，一般需要80d左右方可完成发酵。燕麦（*Avenasativa*）与箭筈豌豆（*Viciasativa*）非常适合青藏高原地区种植。燕麦耐贫瘠、抗旱、耐寒、产草量高，占青藏高原地区人工种草面积的70%左右。

青贮发酵过程本身是一个需要消耗部分养分的过程，在青贮饲料生产实践中，应当选择适宜的含水量，在提高发酵品质的同时尽量保存青贮料的营养，所以青贮原料的含水量对青贮发酵品质的影响极显著。适宜的含水量可以促进发酵进程，改善青贮发酵品质。更成为青贮饲料制作的关键因素。含水量太高，青贮不易成功，大量营养成分渗出，造成营养损失甚至引起霉变，产生大量丁酸；而水分过低会使青贮介质中水的活性降低，限制青贮有益菌群的生长，且水的活性越小，介质中生长的乳酸菌菌落也越小，乳酸菌发酵产生的乳酸量有限，pH值难以下降到适宜水平，不利于青贮发酵的进行。

原料含水量对青贮pH值的影响主要是由于过低的原料含水量减缓了乳酸菌的繁殖，导致较高的青贮pH值；含水量在60%~65%的各处理组均能够获得4.0~4.6的较低pH值。这与郭玉琴等（2005）关于苜蓿在含水量60%时青贮的pH值低于70%、80%含水量pH值的结论一致。而当含水量进一步增加达到70%时，青贮饲料的pH值又出现上升趋势，各处理组pH值均在4.4~4.9。其中，2h与4h处理组均在5.0以上。这可能是由于3 500m以上的高海拔地区冷季气温较低，较高含水量易结冰，导致青贮发酵过程受到影响。一般认为青贮原料干物质含量越高，水分含量降低，微生物活性会受抑，有机酸含量降低，pH值升高。有研究结果表明，在高海拔高寒地区，这一规律只有原料水分含量在较合适范围内才得以实现。

Touqir等（2007）研究认为水分含量较低的青贮原料由于延缓了厌氧微生物的生长，从而降低了糖分向有机酸转化的速度和能力；而当青贮原料水分含量较高时，梭菌会大量繁殖，丁酸和氨态氮等有害物质也会大量生成，从而影响青贮发酵品质。因此，只有含水量适宜，才能获得乳酸菌的成功发酵。Weinberg等（2003）研究认为青贮原料干物质含量较高（水分含量较低）时，对乳酸菌等微生物活性的抑制作用提升导致青贮无法快速达到稳定状态，从而影响青贮质量。随着青贮原料水分的增加，各处理组乳酸含量也出现先上升再下降的趋势，这是由于40%~45%的原料含水量较低，难以满足高寒牧区乳酸菌发酵需求；而一般来说有利于乳酸菌活动繁殖的65%~70%原料含水量在高寒牧区反而容易

致使青贮包内结冰，导致了乳酸菌活性受到抑制（乳酸菌发酵适宜温度范围为19~37℃）。

所以，调制青贮饲料时要综合考虑青贮料特性与含水量的关系，不同的青贮料有不同的最适青贮含水量。燕麦与箭筈豌豆（6∶4）混播，在燕麦乳熟期、箭筈豌豆开花期刈割，凋萎处理后使其含水量达到65%~70%进行混合裹包青贮可以获得优质的青贮料，拥有较高的CP、LA、Ca和P元素含量，较低的pH及NH_3-N、NDF、ADF含量，较燕麦单独青贮效果更佳。综上所述，65%~70%含水量更适合燕麦与箭筈豌豆混播草的青贮，可显著提高青贮品质。

在温度和水分胁迫下，箭筈豌豆最大光化学效率（Fv/Fo）和PSⅡ光化学淬灭系数（qP）较为稳定，而最小荧光（Fo）、最大荧光（Fm）和PSⅡ非光化学淬灭系数（NPQ）降低，产生了明显的光抑制，说明湿度和水分胁迫使PSⅡ反应中也受到了一定程度的破坏。随温度和水分胁迫程度的加剧，光合速率（Pn）和蒸腾速率（Tr）都有降低的趋势，但Tr的降低幅度大于Pn。光合作用对箭筈豌豆品质形成有不同程度的影响。其中，叶绿素含量的增加有利于可溶性碳水化合物的合成，而水分利用效率（WUE）的增强有利于增加箭筈豌豆粗蛋白质含量。

（三）青贮和添加剂的影响

1. 青贮

青藏高原是世界上面积最大、海拔最高的高原，俗有“世界屋脊”之称，是除南极、北极之外的“地球第三极”。青藏高原气候差异大，主要特点是年平均气温低，海拔高，空气中含氧量低，昼夜温差大。青藏高原由南至北跨度较大，地理环境复杂多变，往往可以看见“一山见四季”“十里不同天”的奇特景观。西藏地区位于青藏高原的西南部，是青藏高原的主要组成部分，动植物资源比较丰富，含有种类繁多的奇花异草和珍稀野生动物，有很大的经济价值。随着现代社会的快速发展，西藏具有的珍稀自然资源逐渐变为现实的经济优势，快速促进了西藏地区的发展。

西藏是中国五大牧区之一，高寒、高海拔、自然条件严酷，寒冷季节长达7~9个月，牧草生长期短，产量低。通常夏秋季节牧草较丰富能够满足家畜需求，但是在春冬季节饲草料严重缺乏，特别是青绿饲料及优质豆科牧草的缺乏严重阻碍了当地畜牧业的可持续发展。西藏人民经济生活的基础主要依靠畜牧业，该地区草地所占面积非常小，仅达到0.81亿hm^2，可耕地面积较小仅有$22hm^2$。

但由于人口迅速增加，草地生长期短，产量低，加之近年来人们过度放牧，草原被严重破坏，恢复能力差，严重影响了畜牧业的可持续发展，仅单靠草原自然生产，不能满足当地家畜的需要，草畜矛盾日益突出，当遭遇严重的自然灾害时家畜常因没有充足的食物导致大量死亡，所以通过对草地资源的合理开发利用，可以为家畜提供更多的食物来源和饲料加工原料，减缓了人口增长、耕地不断减少和牧草供应不足的多重压力。箭筈豌豆、苇状羊茅是西藏主要的栽培牧草，在夏秋季节可以利用这些牧草开展优质青贮饲料的生产，以补充冬春季节饲草料的不足。青贮饲料具有青绿多汁、气味芳香、适口性好，是反刍家畜的重要饲料。一般禾本科牧草水溶性碳水化合物含量高，青贮较易成功，但粗蛋白含量较低。豆科牧草蛋白含量、缓冲能高，但水溶性碳水化合物含量低，属于不易青贮的材料。将豆科与禾本科牧草混合青贮，既可以提高青贮饲料的发酵品质，又可以提高青贮饲料的蛋白质含量及营养价值。箭筈豌豆是一年生豆科牧草，茎叶柔软、叶量大、适口性好、特别是蛋白质含量高，其鲜草中粗蛋白含量与紫花苜蓿相当，是一种优良的草料兼用作物，在高寒牧区亩产青草可达 2 500~3 500kg（曹仲华，2007）。西藏地区箭筈豌豆被广泛种植，主要与燕麦、青稞等禾本科作物混播种植，目前也与多年生黑麦草和苇状羊茅混播，箭筈豌豆根系具有固氮能力，可增加土壤中氮含量，而禾本科作物对其有支撑作用，可以避免箭筈豌豆因蔓匍匐腐烂，混播之后可以提高箭筈豌豆的产量。由于箭筈豌豆属于不易青贮的原料，常经过凋萎与其他牧草混合或添加青贮添加剂然后进行青贮。

一直以来，西藏的畜牧业都较为落后，其主要原因是，西藏畜牧业一直都是自给自足，交通运输不便，信息较为封闭，这都是西藏特殊的地理环境所致。但随着社会分工的不断完善，原料生产、加工和销售的不断转变，畜牧业生产必将走上产业化道路。它有利益于西藏畜牧业从粗放经营走向现代化经营，彻底解决西藏畜牧业经济效益较低的难题，推动西藏地区畜牧业的发展。

同时，青藏高原是中国最大的高寒牧区，这里生长季短，草畜矛盾突出，日益退化的草原不仅给畜牧业生产带来了严重影响，更加剧了生态环境的恶化。因此，鼓励牧民开展人工种草和舍饲养畜，是保障当地经济增长和生态安全协调发展最有效的手段。

在青藏高原高寒牧区，添加适宜的添加剂可显著促进发酵进程并改善青贮发酵品质，添加乳酸菌制剂可明显降低燕麦捆裹青贮的 pH 值和氨态氮含量，增加乳酸菌活性，显著改善青贮发酵品质；添加尿素可显著提高玉米秸秆青贮的粗蛋

白含量，改善其营养品质。

近年来，随着西藏畜牧业的快速发展，天然草地饲草料的产能已经难以满足家畜的需求，粗饲料供给不足尤其是优质豆科牧草严重短缺，阻碍了当地畜牧业的可持续发展。利用农区中低产田种植牧草，生产青贮饲料，以缓解家畜增多对天然草地的压力，可以促进草地植被的保护和恢复，为高寒草地畜牧业的良性发展提供保障。

西藏地区海拔高、自然条件恶劣，牧草生长期短，产量低。夏秋季节牧草尚能满足家畜需求，但是在春冬季节饲草料短缺，尤其是青绿饲料及优质豆科牧草严重缺乏，阻碍了当地畜牧业的可持续发展。混播既可以利用箭筈豌豆根系具有固氮的能力，增加土壤中氮含量，又可利用禾本科等作物对箭筈豌豆的支撑作用，避免其因蔓匍匐腐烂。

箭筈豌豆和苇状羊茅是西藏主要栽培牧草，被西藏地区广泛种植。苇状羊茅是一种抗寒能力较强的多年生疏丛型禾本科牧草，在冬季 -15℃的条件下可安全越冬，在西藏牧区鲜草产量高。苇状羊茅叶量丰富，草质较好，适期刈割，可保持较好的适口性和利用价值，其鲜草和干草，牛、马、羊均喜食。由于苇状羊茅中碳水化合物含量较高，在调制青贮料时可产生足量的乳酸，故用以调制青贮饲料易于成功。在苇状羊茅青贮发酵中添加蚁酸、丙酸复合添加剂可以降低青贮饲料的 pH 值和挥发性脂肪酸含量，提高乳酸含量、改善适口性（河本英宪等，2001）。

由于苇状羊茅中碳水化合物含量较高，在青贮发酵过程中能为乳酸菌提供充足的发酵底物，属于单独青贮易于成功的材料。但其缺点是粗蛋白含量较低。与苇状羊茅相反，豆科牧草蛋白含量高，但水溶性碳水化合物含量低，属于单独青贮不易成功的材料。将豆科与禾本科牧草混合青贮，既改善了青贮饲料的发酵品质，又提高了青贮饲料的蛋白质含量及营养价值。箭筈豌豆是一种优良的草料兼用作物，在夏秋季节利用这些牧草开展优质青贮饲料的生产，以补充冬春季节饲草料的不足。青贮饲料具有青绿多汁、枝叶柔嫩、叶量丰富、气味芳香、适口性好，粗蛋白含量高，是反刍家畜的重要词料。但水溶性碳水化合物含量低、缓冲能高，单独青贮难以成功。苇状羊茅和箭筈豌豆因具有抗寒性强、适应性广等优点，在西藏“两江一河”地区广泛种植。西藏地区饲草供应不足主要发生在冬春季节，在盛草期开展饲草调制加工是缓解枯草期饲草不足的主要措施之一，其中调制青贮饲料是饲草保存的主要技术措施。箭筈豌豆因粗蛋白含量高成为西藏地区主要优质粗饲料之一，但发酵底物不足，单独青贮不易成功，而苇状羊茅是多年生禾本科牧草，具有营养价值高，品质优良，适口性好等优点，且水溶性碳水化合物含量较高。因苇状羊茅水溶性碳水化合物含量较高，若将二者混合青贮，不仅可以解决豆科牧草单独青贮难以成功的难题，一定程度补充发酵底物从而改善箭筈豌豆青贮发酵品质，同时可弥补苇状羊茅单独青贮蛋白质含量不足和营养价值低的缺陷。

青贮是一个复杂的生物化学和微生物学变化的过程，许多因素影响着青贮效果，为了保证优良青贮发酵品质以及调制出优质的青贮饲料，在青贮时可以加入添加剂以达到上述效果。在青贮饲料调制过程中，加入适当的添加剂，能够为青贮发酵过程提供充足的发酵底物或者提高乳酸菌数量，迅速降低青贮饲料的 pH 值，有效抑制有害微生物的生长繁殖，改善发酵品质，减少营养物质损失，使得青贮饲料得到长期保存。McDonald 等（1991）根据添加剂的功能与用途将其分为五类。第一类是发酵促进剂，即促进乳酸菌发酵，如糖蜜、蔗糖等；第二类发酵抑制剂或部分、全部地抑制微生物生长，如有机酸、无机酸、甲醛等；第三类是好气性变质抑制剂，抑制青贮过程中或青贮料饲用过程中的好气性变质，如丙酸、山梨酸等；第四类是营养性添加剂，用于提高青贮料的营养价值，如尿素、氨等；第五类为吸收剂，添加入高含水量的原料中，阻止汁液渗漏所造成的养分损失和水源污染，如秸秆、斑脱土等。

2. 添加剂

在青贮饲料过程中，加入添加剂的根本目的是为了使乳酸菌在发酵中占主导地位，从而使青贮饲料得到良好的保存。一般添加剂能够为青贮发酵过程提供充足的发酵底物或者提高前期乳酸菌数量，保证乳酸菌迅速繁殖使整个青贮环境酸化，达到有效抑制有害微生物的生长繁殖的目的，改善发酵品质，减少营养物质损失，使得青贮饲料得到长期保存。添加剂是提高青贮饲料发酵品质的技术手段之一。添加剂的分类方法有几种，其中根据添加效果一般可分为如下几类。

（1）发酵促进型添加剂　有糖蜜、乳酸菌、葡萄糖、纤维素酶、绿汁发酵液等。这种添加剂的添加作用主要是增加额外的发酵底物或乳酸菌的数量，使乳酸菌在发酵初期占有绝对的优势，增加乳酸的含量，使青贮饲料快速处于酸性环境中，达到长期保存的目的。

（2）发酵抑制型添加剂　主要包括一些有机和无机酸、酸类、抗生素等。这类添加剂的添加作用主要是降低青贮饲料的 pH 值，抑制有害微生物的活性，减

少发酵过程中营养成分的损失。

(3) 好氧性变质抑制剂　一般有丙酸、已酸、山梨酸等。这类添加剂的作用效果是抑制好氧性细菌的活性，防止青贮饲料的二次发酵，尽可能多地保存青贮饲料养分不被破坏。

(4) 营养型添加剂　如尿素、氨、矿物质等，这类添加剂的作用效果主要是补充家畜所需的各种营养物质。

(5) 吸收剂　主要针对高水分的原料，降低原料的水分，增加乳酸的发酵，减少流汁的损失。

添加剂的使用越来越广泛，也越来越重要，也有许多的青贮饲料添加的是复合添加剂，更有效、方便地解决了青贮中遇到的问题。所以添加剂在青贮饲料生产中具有广阔的发展空间。

(6) 酶制剂和乳酸菌　酶制剂是由真菌或细菌产生的一种多酶复合体。青饲料中添加的酶制剂中包含多种降解细胞壁的酶组分，其中除含有纤维素酶外，还含有一定量的半纤维素酶、果胶酶、蛋白酶、淀粉酶及氧化还原酶类。对于农作物秸秆来讲，纤维素和半纤维素是其主要成分，这类物质是糖的高分子聚合物，不能直接被家畜吸收利用，而向稻秆原料中添加淀粉酶或酶制剂，可能成为得到优质的发酵饲料的途径之一。

酶制剂能降解青贮原料的结构性碳水化合物为单糖或双糖，为乳酸发酵提供更多可利用的底物。糖类的增加在青贮早期可加速乳酸菌的繁殖，使青饲料 pH 值迅速降低。这不仅可抑制酵母菌、梭菌等有害菌的生长，而且还可抑制青贮原料中植物酶的活性，减少青贮早期植物呼吸作用对糖的氧化和对蛋白质的水解，减少青贮期间蛋白质的降解。席兴军等（2002）研究表明：添加酶制剂使玉米稻秆青贮饲料中铵态氮与总氮质量比和丁酸与总酸摩尔比分别下降 28% 和 100%，ADF 质量分数下降 20%，显著提高了玉米秸秆青贮饲料的营养价值。一些研究却表明，青贮中添加酶制剂的效果不很稳定。Weinberg 等（1995）报道，青贮黑麦草、小麦和豌豆，单加酶制剂不影响青贮发酵，当酶制剂和乳酸菌共同使用时，才能改善青贮发酵。

酶与乳酸菌制剂是目前应用于青贮饲料生产中最为常用的青贮添加剂，添加乳酸菌制剂可以增加乳酸菌的数量，促进青贮初期乳酸发酵，有效地抑制青贮过程中有害微生物的活性，提高青贮发酵品质。酶制剂能将青贮原料中纤维素、半纤维素降解成水溶性碳水化合物，为乳酸菌提供更多的发酵底物，促进乳酸发酵，而酶和乳酸菌制剂组合添加可进一步提高其青贮发酵品质。

王奇等（2012）评价了酶、乳酸菌制剂和酶 + 乳酸菌制剂对苇状羊茅与箭筈豌豆混合青贮发酵品质的影响。结果表明，酶和乳酸菌制剂组合能更好地改善苇状羊茅和箭筈豌豆混合青贮的发酵品质。

乳酸菌这一术语是指能产生乳酸的几个属的一组细菌。最早开始使用乳酸菌接种是 21 世纪初法国研究者在甜菜上进行的。在大多数的早期研究中，许多是在实验室有效的结果，当按比例添加用于农场应用时结果常常是令人失望的。大多数早期的研究者认为，附着在作物上的天然乳酸菌数量如果按照一般的青贮原理可以确保其正常发酵。在有些青贮饲料中，乳酸菌的生长非常缓慢，这会导致在早期发酵中有害微生物的生长。乳酸作为青贮饲料添加剂的这种商业开发型的文化，是随着冷冻干燥和包装技术的发展而来的。与酸不同的是，乳酸产品处理起来安全，而且不会腐蚀农场的机器，因此它们很受青睐。

青贮过程就是一个复杂的微生物活动的过程，包括乳酸菌、酵母菌、芽孢杆菌和乙酸菌等，其中乳酸菌的数量最多，种类也最为复杂。植株由于生长环境不同，自身所附着的乳酸菌的种类和数量也千差万别，乳酸菌制剂的添加，主要的目的就是直接增加乳酸菌的数量，使乳酸菌迅速繁殖，快速产生乳酸降低 pH 值，保存原料的营养成分。研究表明在初花期苜蓿中添加乳酸菌制剂能快速降低 pH 值，减少蛋白质降解，将乳酸菌和纤维素酶复合添加，效果更为显著。在禾本科和豆科牧草混合青贮时添加乳酸菌制剂，提高了水溶性碳水化合物的利用率，降低 pH 值、氨态氮含量和 ADF，但乳酸含量无明显变化。乳酸菌的种类不同，其对青贮饲料的作用效果也不尽相同，同型乳酸菌能促进青贮饲料的乳酸发酵，但不能提高有氧暴露时的有氧稳定性，其主要原因是同型乳酸菌发酵只形成乳酸，不能生成抑制霉菌、酵母菌的短链脂肪酸，但一些异型发酵的乳酸菌，如布氏乳酸杆菌等，发酵时除了形成乳酸外，还形成了己酸等物质，能抑制有害微化物的活性，提高有氧稳定性，防止青贮饲料的快速腐败变质。有研究表明在多年生黑麦草中添加布氏乳酸杆菌能显著提高青贮饲料的有氧稳定性。同时在全株小麦中添加戊糖乳杆菌，也能有效阻止调萎后的小麦在有氧暴露阶段免受霉菌和酵母菌的伤害。

（7）*酒糟*　酒糟是酿酒业的副产品，酿酒过程是一个微生物发酵的过程，主要是各种微生物如酵母菌、霉菌、细菌等在厌氧环境下以谷物中丰富淀粉作为发酵底物产生大量乙醇。酒糟中粗蛋白（尤其是水溶性蛋白质）和 B 族维生素含

量丰富，粗蛋白含量14.3%~21.8%，粗脂肪4.2%~6.9%，营养价值高，并含有氨基酸、维生素、矿物质及菌体自溶产生的多种生物活性物质（黄俊等，2008），已被广泛用作畜禽饲料。但由于酒糟水分含量较高，保存困难，为达到长期持续利用酒糟的目的，许多报道将湿酒糟与干物质含量较高的材料混合青贮，可提高青贮饲料发酵品质、营养价值及有氧稳定性。青稞酒糟作为西藏人民重要的传统饮料青稞酒的副产品，资源丰富。将青稞酒糟作为青贮添加剂，在西藏地区开展优质青贮饲料生产，不仅可节约成本，也可使资源得到合理利用。

添加青稞酒糟可以加速乳酸发酵进程，提高了乳酸含量，降低了pH值、氨态氮/总氮，提高了青贮饲料的发酵品质。同时抑制了青贮发酵过程中好氧性微生物对水溶性碳水化合物和蛋白质的降解，提高了青贮过程中乳酸菌对水溶性碳水化合物利用效率。综合考虑研究结果和西藏地区实际生产，将箭筈豌豆与苇状羊茅以3∶7混合青贮，并添加10%以上的青稞酒糟可以获得发酵品质优良的青贮饲料。

酒糟含水量高达75%~85%，不宜储存、难以运输，容易导致酒糟中水溶性营养物质流失，影响其营养价值。为了能够减少营养物质损失和长期保存酒糟，研究人员常常通过将酒糟与含水量较低的秸秆、糠麸等混合青贮来达到上述目的，满足畜牧业对于优质青贮饲料的需求。Ridla等（1994）将酒糟与大麦秸秆进行混合青贮，混合青贮组与大麦秸秆单独青贮相比较丁酸含量降低、乳酸和乙酸含量增加，并且青贮饲料中粗蛋白含量、水溶性碳水化合物含量及干物质体外消化率上升，而各种粗纤维成分含量均降低，表明酒糟与大麦秸秆混合青贮改善了秸秆的发酵品质提高了营养价值。将酒糟与统糠（稻麦等谷类粮食加工后的副产品）以不同比例进行混合青贮，从感官评定和青贮生物化学指标来讲含水量40%~60%的发酵品质较好，70%含水量的混合青贮饲料的颜色变深、气味刺鼻、质地保持较差，并且乳酸含量最低丁酸含量最高，试验结果表明当含水量为60%时酒糟与统糠混合青贮发酵品质最好（黄俊等，2008）。Chiou等（2000）研究在象草青贮过程中添加不同水平的酒糟，试验结果表明添加酒糟可以显著降低青贮饲料的pH值、氨态氮和丁酸含量，显著增加乳酸和水溶性碳水化合物含量。

由于酒糟富含粗蛋白可作为蛋白质的原料来饲喂动物，许多学者将酒糟与其他农副产品、牧草、矿物质、维生素等物质混合青贮制作出全混合日粮，以探讨青贮饲料的发酵品质、营养价值及对动物的饲喂价值。对于混合酒糟制成的青贮全混合日粮的研究发现在发酵第 14 d 青贮饲料的 pH 值达到理想优质青贮饲料的标准。用绿茶残渣替代一部分酒糟，调制出青贮全混合日粮，结果表明含绿茶残渣的青贮饲料具有较高乳酸含量、较低的氨态氮含量及 pH 值，而青贮饲料的采食量、未添加绿茶残渣的消化率除粗脂肪外和替代水平相比差异不显著。用豆荚代替部分酒糟，调制出的青贮全混合日粮的 pH 值和乙酸含量显著高于未添加豆荚组，而乳酸和总挥发性脂肪酸酸含量显著低于后者。添加豆荚组青贮饲料的粗蛋白、粗脂肪，含量高于对照组，前者的干物质采食量低于后者，而饲料转化率高于后者。在饲喂奶牛时用酒糟与甜菜渣混合青贮饲料替代部分牧草青贮饲料，试验结果表明替代后奶牛产奶量及牛奶中乳蛋白和乳糖含量差异不大，但降低了牛奶中乳脂含量。虽然酒糟含水量较高属于不易青贮的原料，但是发现酒糟单独青贮值降低，并且前者试验结果中氨态氮含量显著低于酒糟混合青贮的值，表明酒糟单独青贮效果优于酒糟与其他物质的混合青贮。

将酒糟作为一种青贮添加剂应用在混合青贮过程中，其含有的乙醇能够在发酵早期抑制有害微生物的活动，减少它们对水溶性碳水化合物和蛋白质的利用，为乳酸菌提供充足的底物，保证产生乳酸类型发酵，减少发酵过程中营养物质的损失（张磊等，2009）。酒糟含有丰富的粗蛋白，添加到青贮原料中可以提高饲料的蛋白含量，其特有的芳香味能够提高动物采食量。Ridla 等（1994）将酒糟添加到大麦秸秆中青贮能够显著改善发酵品质，同时提高青贮饲料的粗蛋白含量和体外干物质消化率、降低粗纤维含量，表明添加酒糟可以提高大麦秸秆青贮饲料的营养价值。本试验的目的在于探讨添加酒糟对于箭筈豌豆与苇状羊茅混合青贮发酵品质的影响，为其在混合青贮中合理应用提供科学的依据。

（8）糖蜜　是制糖工业的副产品，富含糖类物质，制糖工业将压榨出的汁液经加热、中和、沉淀、过滤、浓缩、结晶等工序后所剩下的一种黏稠、黑褐色、呈半流动的物体。其中最主要的成分是蔗糖、葡萄糖、果糖中的干物质，可消化养分含量较高，粗纤维、粗蛋白含量较低，含糖量一般在 40%~60%（李改英等，2010）。糖蜜在饲料工业中多作为一种能量原料饲喂动物，添加到一些饲料中可以明显补充饲料的能量不足、具有消化吸收快、适口性好、降低粉尘及提高颗粒饲料质量的优点。在青贮饲料调制过程中，糖蜜因其价格低廉，富含水溶性碳水化合物能够为乳酸菌生长繁殖提供充足的发酵底物，能够直接地弥补乳酸菌发酵底物不足的缺陷，促进乳酸发酵，提高青贮发酵品质，经常被作为发酵促进剂在青贮饲料中广泛应用。

许多研究表明将糖蜜添加到青贮原料中，可以降低青贮饲料的pH值、氨态氮含量，提高乳酸、水溶性碳水化合物含量。Tjandratmadja等（1994）对三种牧草（几内亚黍草、俯仰马草和狗尾草）添加糖蜜青贮效果的研究表明：添加糖蜜能够降低氨态氮、挥发性脂肪酸含量及pH值，提高乳酸含量，并且能够增加同型乳酸菌的数量。由于暖季型牧草的水溶性碳水化合物含量不足，不能满足乳酸菌生长繁殖的需要，因此许多学者将糖蜜看作一种发酵促进剂添加到青贮过程中。Yokota等（1991，1992）研究了添加糖蜜对象草发酵品质的影响，试验结果表明添加糖蜜降低了青贮饲料的pH值、氨态氮与乙酸含量，提高了乳酸含量，从而改善了象草的发酵品质，Yunus等（2000）与Bilal（2009）得到类似的结果。豆科牧草由于其含水量高、蛋白质含量高、缓冲能大及水溶性碳水化合物含量低，导致其青贮时不易成功。研究人员为了将豆科牧草调制成优质的青贮饲料常在青贮时添加糖蜜。刘贤等（2004）在紫花苜蓿中添加3%糖蜜进行青贮发现与对照组相比乳酸和总酸含量上升，乙酸和丁酸含量下降，说明添加糖蜜能够促进乳酸发酵提高发酵品质。Sibanda等（1997）等报道，添加糖蜜可以提高银叶山蚂蝗青贮饲料乳酸含量及降低其挥发性氮的含量。在二色胡枝子青贮过程中添加不同水平糖蜜的试验结果表明添加糖蜜可以使得青贮饲料的pH值显著下降，能够较多的保存青贮饲料中可溶性糖和干物质，但是与对照组相比，添加高水平的糖蜜使青贮料中氨态氮含量显著提高，蛋白质含量显著降低，青贮品质下降（丁武蓉等，2008）。

糖蜜不仅能够改善青贮饲料的发酵品质，还可以提高青贮饲料的营养价值，所以糖蜜也可被作为营养性添加剂。糖蜜对于青贮饲料的纤维素含量有一定的影响，糖蜜所含的糖分能够作为微生物的发酵底物从而加速微生物对植物细胞壁的分解作用。试验结果表明将糖蜜添加到凡内亚黍草、俯仰马草、狗尾草发现处理组的木质素、纤维素含量显著低于未添加组，但是前者的半纤维素的含量与后者相比无差异。Arbabi等（2008）对于在黍青贮时添加不同水平的糖蜜研究发现，5%和7.5%添加水平的NDF、ADF含量显著高于2.5%和未添加组。但是Yokota等（1992）和Touqir等（2007）分别研究添加糖蜜对于凋萎的象草和埃及车轴草及苜蓿青贮饲料的NDF、ADF酸性洗涤木质素、纤维素与半纤维素含量的变化无影响。

试验研究证明添加糖蜜能够增加青贮饲料的干物质和乳酸含量，降低pH值和氨态氮/总氮值。M.Tjandraatm等（1994）对三种不同牧草添加糖蜜后青贮的结果显示：添加糖蜜能够改善发酵品质，提高乳酸含量，并且能够增加同型乳酸菌的数量。由于豆科牧草的水溶性碳水化合物含量不足，一般不能满足乳酸菌生长繁殖的需要，因此许多研究人员将糖蜜添加到豆科牧草的青贮试验中，刘贤等（2004）在紫花苜蓿中添加糖蜜进行青贮结果表明，添加糖蜜处理组乳酸和水溶性糖含量显著高于对照组，氨态氮、乙酸和丁酸含量显著低于对照组，这表明添加糖蜜能够促进乳酸发酵提高发酵品质。

在青贮饲料中添加糖蜜的主要目的是增加乳酸菌的发酵底物，在发酵初期促使乳酸菌快速的繁殖，增加乳酸含量，迅速降低 pH 值，保存青贮饲料的营养价值。郭刚、原现军等（2012）研究了糖蜜与乳酸菌对燕麦秸秆和黑麦草混合青贮品质的影响。结果表明糖蜜、乳酸菌及结合添加均能提高青贮饲料的发酵品质，且综合考虑单独添加糖蜜比较合适。夏坤（2010）在箭筈豌豆、多年生黑麦草和苇状羊茅的混合青贮中添加糖蜜和酒糟均能有效提高青贮饲料的发酵品质，将其两种添加剂组合添加后，添加效果更优于单独添加。研究表明凋萎能提高狗牙根的发酵品质，蔗糖糖蜜的添加能获得较低的 pH 值和乙酸，较高的乳酸，进一步提高调萎后狗牙根的发酵品质。许多研究表明糖蜜能显著提高饲料的发酵品质，但不能提高青贮饲料的有氧稳定性。

王奇等（2012）研究表明仅通过混合青贮难以获得理想的优质青贮饲料。使用青贮添加剂可以调控青贮发酵的动态过程，从而提高青贮发酵品质，其中乳酸菌和糖蜜是目前青贮饲料生产中广泛应用的青贮发酵促进剂，接种乳酸菌可以促进青贮过程中乳酸的生成，快速降低 pH 值，从而抑制有害微生物活性，减少营养物质的损失。添加糖蜜可为乳酸菌代谢直接提供发酵底物，促进乳酸生成。本试验结合西藏地区的生产实际，在苇状羊茅（*Festucaarundinacea*Schreb.）和箭筈豌豆（*Viciasativa*L.）混合（鲜质量比为 7∶3）青贮的基础上，通过补充发酵底物和接种乳酸菌以期进一步改善混合青贮发酵品质，为西藏地区盛草期饲草料贮藏提供科学依据。

（9）其他　另外一些添加剂处理，如糖蜜处理，山梨酸钾、乙醇、丙酸处理等，均能改善混合青贮发酵品质。山梨酸钾是一种白色或浅黄色颗粒或粉末，是以山梨酸和碳酸钾或氢氧化钾制成，山梨酸钾是一种不饱和脂肪酸盐，它可以被人或动物吸收利用，最终被分解为二氧化碳和水，所以山梨酸钾作为食品防腐剂和保鲜剂比较安全，不会残留在体内造成危害，广泛应用于各个行业。在青贮饲料中添加山梨酸钾，能有效的抑制有害微生物（酵母菌、霉菌等）的活性，为乳

酸菌发酵节约发酵底物，促进乳酸发酵，延长青贮饲料的存放时间。

试验证明，在全株玉米中添加山梨酸钾，青贮饲料的有氧稳定性最好，在暴露的空气中保存时间最长。牧草和羊毛混合青贮时添加山梨酸钾，能显著减少霉菌、酵母菌和梭菌的数量，抑制有害微生物的活性，保持了青贮饲料的营养成分不被破坏。Sh ao等（2007）在黑麦草中添加1%的山梨酸钾显著提高了青贮饲料乳酸／乙酸值，降低了氨态氮和总挥发性脂肪酸含量，提高了青贮饲料的青贮品质。

乙醇的用途很广，在农业、医药、橡胶、塑料等各行业都起到了重要的作用。乙醇作为青贮饲料的一种添加剂，其主要的作用是在发酵过程中，抑制有害微生物活性，减少有害微生物对水溶性碳水化合物、糖类等物质的损耗，为乳酸菌节约发酵底物。关于乙醇对青贮饲料的影响现在研究较少，在大黍中添加乙醇显著降低了短链脂肪酸含量，提高了乳酸／乙酸、乳酸含量，说明乙醇能有效抑制有害微生物活性，减少了蛋白质、水溶性碳水化合物的分解利用。张磊等（2012）在象草中添加乙醇，氨态氮／总氮值也显著降低，乳酸的含量显著升高，提高了青贮饲料的发酵品质。

丙酸的用途很广，可以用其制作除草剂或生产香料、香精等。但因为它抗真菌作用较好，所以丙酸及一些丙酸盐被广泛地作为谷物和饲料的防腐剂，在青贮饲料中丙酸能有效的抑制有害微生物的活性，保存青贮饲料的营养价值。李改英等人（2010）在被雨水浸泡后的苜蓿添加丙酸能有效的抑制霉菌的生长和青贮饲料中养分消耗，防止青贮饲料的发霉变质。闻爱友、原现军等（2012）在紫花苜蓿添加了丙酸结果表明：丙酸能提高青贮饲料的发酵品质，且适宜的添加比例为1：1.5。丙酸还能使一些不宜青贮的原料获得理想发酵效果。贾燕芳，石伟勇等人（2012）在废弃的笋壳中添加5%丙酸和2.5g/t乳酸菌获得了成功的笋壳青贮饲料，为笋壳作为饲料资源做出了新的尝试，扩大了饲料的来源。丙酸不仅能提高青贮饲料的发酵品质，更能有效的提高青贮饲料的有氧稳定性。Kung等人（2003）的研究表明：较高浓度的氨或是缓冲性的丙酸能将玉米的有氧稳定性分别提高至82h和69h。Muis等（2010）也有相似的研究，表明缓冲性的丙酸能提高大麦的有氧稳定性，抑制体外消化率的降低。

在饲草混合青贮方面，张洁等（2014）研究了乳酸菌制剂、山梨酸钾和糖蜜添加后对燕麦与箭筈豌豆混合青贮发酵品质的影响，发现添加糖蜜对混合青贮发酵品质的改善效果优于乳酸菌制剂。李君风等（2013）研究了添加不同水平乙酸对燕麦和紫花苜蓿混合青贮发酵品质和有氧稳定性的影响，认为0.4%乙酸添加量最适宜。孙肖慧等（2011）比较了添加糖蜜、乙醇及其组合对燕麦与紫花苜蓿混合青贮发酵品质的影响，发现单独添4%糖蜜或3.5%乙醇即可获得优质青贮饲料。

第二节　箭筈豌豆利用

一、肥田

（一）生物固氮

根瘤菌是一类可与豆科作物相互作用形成共生固氮体系的革兰氏阴性杆状细菌。这种共生体系具有很强的固氮能力，可以通过固定大气中游离的氮气，为植物提供氮素养料，一方面，达到了作物增产及培肥地力的重要作用；另一方面，减轻了化肥生产带给环境污染的压力与威胁，对中国农业的可持续发展起到了不可替代的作用。箭筈豌豆作为一种优良的饲料和绿肥兼用作物，是生产中使用较为普遍的一类绿肥种质资源，具有耐旱、耐贫瘠、抗逆性强的特点，其可通过生物固氮作用抑制土壤退化和节约氮肥使用量，是各种作物的良好前作。

生物固氮是一种有效氮素来源方式。全球每年来自于生物固氮的N约为1.39~1.75亿t，其中耕作区的共生固氮约占25%~30%，多年生牧草占30%。尽管数字的精确性有待质疑，但同样说明了生物固氮作用在作物与牧草系统中的重要性。目前，世界范围内的许多土地已经退化，为阻止土地的破坏性使用，防止进一步恶化，生物固氮将发挥其在土地修复方面的重要作用。而在生物固氮中焦点则集中在根瘤菌与豆科植物的共生固氮作用方面。据FAO测算，全球每年作物生长所需氮肥达330亿美元，而其中豆科作物的共生固氮提供的氮源约50亿美元，如果共生固氮效率提高15%，经济效益极为可观。由此可见，利用豆科植物的共生固氮作用并提高其固氮效率对农业可持续发展意义重大。

箭筈豌豆作为一种优良的饲料和绿肥兼用作物，是生产中使用较为普遍的一类绿肥种质资源，具有耐旱、耐贫瘠、抗逆性强的特点，其可通过生物固氮作用抑制土壤退化和节约氮肥使用量，是各种作物的良好前作。由于豆科植物共生固氮在生产、环境和经济中具有举足轻重的作用，因此对广泛栽培豆科植物最佳共

生根瘤菌的筛选也是我国农牧业生产急需解决的问题之一。

接种有效根瘤菌菌株可增加箭筈豌豆根瘤菌数量和根部的固氮量。接种后的箭筈豌豆植株株高、根长、单株根瘤数、根瘤重、植株全氮含量以及固氮酶活性均有提高，因此植物在生长期间所需的氮素养分，除来源于定期加入的适量低氮营养液以外，其他氮素养料全靠根瘤固氮所获得。未接种根瘤菌的植物结瘤量稀少，含氮量低，分枝少与接种处理后的相比差异明显。由此说明，在氮素营养不足的情况下接种根瘤菌是非常有必要的，在农业可持续发展中是一种非常经济有效的措施。

（二）秸秆还田

秸秆还田是当今世界上普遍重视的一项培肥地力的增产措施，在杜绝了秸秆焚烧所造成的大气污染的同时还有增肥增产作用。秸秆还田能增加土壤有机质，改良土壤结构，使土壤疏松，孔隙度增加，容量减轻，促进微生物活力和作物根系的发育。秸秆还田增肥增产作用显著，一般可增产5%~10%，但若方法不当，也会导致土壤病菌增加，作物病害加重及缺苗（僵苗）等不良现象。因此采取合理的秸秆还田措施，才能起到良好的还田效果。

秸秆还田一般作基肥用。因为其养分释放慢，要保证当季作物吸收利用。秸秆还田数量要适中。一般秸秆还田量每亩折干草150~250kg为宜，在数量较多时应配合相应耕作措施并增施适量氮肥。秸秆施用要均匀。如果不匀，则厚处很难耕翻入土，使田面高低不平，易造成作物生长不齐、出苗不匀等现象。适量深施速效氮肥以调节适宜的碳氮比。一般禾本科作物秸秆含纤维素较高，达30%~40%，还田后土壤中碳素物质会陡增，一般要增加1倍左右。因为微生物的增长是以碳素为能源、以氮素为营养的，而有机物被微生物分解的适宜碳氮比为25∶1，多数秸秆的碳氮比高达75∶1，这样秸秆腐解时由于碳多氮少失衡，微生物就必须从土壤中吸取氮素以补不足，也就造成了与作物共同争氮的现象，因而秸秆还田时增施氮肥显得尤为重要，它可以起到加速秸秆快速腐解及保证作物苗期生长旺盛的双重功效。

秸秆还田一般要有微生物添加剂。这样做的目的是加速秸秆腐熟速度，人工加进多种有益微生物，能够促进腐熟快速彻底并且杀死有害微生物，增加秸秆还田肥力。

1. 堆沤还田

堆沤还田是将作物秸秆制成堆肥、沤肥等，作物秸秆发酵后施入土壤。其形式有厌氧发酵和好氧发酵两种。厌氧发酵是把秸秆堆后、封闭不通风；好氧发酵是把秸秆堆后，在堆底或堆内设有通风沟。经发酵的秸秆可加速腐殖质分解制成质量较好的有机肥，作为基肥还田。

作物秸秆要用粉碎机粉碎或用铡草机切碎，一般长度以1~3cm为宜，粉碎后的秸秆湿透水，秸秆的含水量在70%左右，然后混入适量的已腐熟的有机肥，拌均匀后堆成堆，上面用泥浆或塑料布盖严密封即可。过15d左右，堆沤过程即可结束。秸秆的腐熟标志为秸秆变成褐色或黑褐色，湿时用手握之柔软有弹性，干时很脆容易破碎。腐熟堆肥料可直接施入田块。

2. 废渣还田

“秸秆气化、废渣还团”是一种生物质热能气化技术。秸秆气化后，其生成的可燃性气体（沼气）可作为农村生活能源集中供气，气化后形成的废渣经处理作为肥料还田、秸秆炭化、草灰还田，秸秆经不完全燃烧后，变成保留养分的草木灰作肥料还田。

3. 翻压还田

秸秆粉碎翻压还田技术即机械化秸秆粉碎直接还田技术，就是用秸秆粉碎机将摘穗后的玉米、高粱及小麦等农作物秸秆就地粉碎，配合秸秆腐熟剂均匀地抛撒在地表，随即翻耕入土，使之腐烂分解。这样能把秸秆的营养物质完全地保留在土壤里，不但增加了土壤有机质含量，培肥了地力，而且改良了土壤结构，减少病虫危害。

作物秸秆的分解速率主要取决于C/N比，C/N比降低后作物秸秆分解明显加快。不论何种土壤，每年翻压15 000kg/hm^{2}的绿肥鲜草，5年后土壤有机质增加1.0~2.0g/kg，全氮提高0.11g/kg，总腐殖酸增加6.1%，活性有机质提高17.4%。不同品种绿肥处理均能提高土壤的速效磷、速效钾含量。一般而言，在水分适中、组织幼嫩、温度较高、浅埋的条件下翻压绿肥，绿肥分解迅速，氮素利用率也较高。

以箭筈豌豆与枸杞为例，箭筈豌豆—枸杞间套作有利于枸杞生长。箭筈豌豆绿肥在埋入土壤45d后，正值枸杞树开花结果期，此时将为枸杞供给大部分养分，尤其是氮素、速效磷、速效钾，为枸杞开花结果创造了一个良好的微环境，使枸杞增产增效，成为减少化肥用量的重要举措，为“豆科绿肥—枸杞”间套作模式推广提供理论依据。

箭筈豌豆绿肥分解高峰期主要出现在7月至8月中旬，初埋绿肥易分解的成

分多，如单糖、多糖、氨基酸、淀粉、蛋白质、有机酸等可溶性有机物以及一些无机养分，季节性降雨、气温较高，也为微生物提供了大量的碳源和养分，微生物活动更加旺盛会有利于绿肥残留物的分解。45d 后，降水减少，微生物活动减慢，腐解速度随之减慢。

绿肥腐解均表现出前期快，后期慢的特点。绿肥埋入土壤后 45d 内，干物质减少了 50% 左右。60d 后渐趋平缓；氮、钾在 15d 内释放速率最大，氮、钾的残留率分别为 40%，50%；土壤全氮含量呈现先降后升再下降的趋势，全磷含量变化趋势大致相同，箭筈豌豆并不影响土壤中全钾含量。造成这种结果的原因，可能是由于元素释放率的大小主要由营养元素和植物组织的结合程度来决定。氮、磷主要以有机态的形式存在，需要依靠微生物分解来进行释放，因此释放得比较慢；而植物中的钾主要以离子态或水溶性盐类存在，因此极容易被释放出来。翻压腐解过程中，可提高土壤中速效钾的含量，该时期正值枸杞植株开花结果时期，钾素的增加将有利于枸杞开花或结果的数量和质量。而且，绿肥作为一种长效、缓效的有机肥，加速增加还可以增强枸杞抗旱、抗寒、抗盐和抗病的特性。箭筈豌豆盛花期翻压，产草量低、植株柔嫩，C/N 值低，绿肥翻压后植株腐解迅速、矿化率高，却不利于有机质含量的积累。从青海省的水热条件和绿肥的化学组成来看，仍以秋翻为宜。绿肥种植和翻压对枸杞的营养生长有一定的促进效果。

（三）堆制和沤制有机肥

北方干旱地区多利用秸秆堆制有机肥，根据堆制温度的高低，堆制有机肥通常分普通堆肥和高温堆肥两种方式。

普通堆肥是指堆内温度不超过 50℃，在自然状态下缓慢堆制的过程。具体操作方法是：选择地势较高、运输方便、靠近水源的地方，先整平夯实地面，再铺 3~4 寸（1 寸 ≈ 3.33cm。下同）细草或泥炭，以吸收下渗肥液。然后铺 5~8 寸堆肥材料，加适量水和石灰，再盖上一层细土和粪尿。如此层层堆积到 2m 左右高度，表面再用一层泥或细土封严。一个月后翻一次堆，重新堆好，再用土或泥盖严。普通堆肥材料达到完全腐熟，在夏季需 2 个月时间，在冬季则需 3~4 个月。

高温堆肥温度较高，一般采用接种高温纤维分解菌，并设置通气装置来提高堆肥温度，腐熟较快，还可杀灭病菌、虫卵、草子等有害物质。堆制过程是：选择背风向阳、运输方便、靠近水源的地方，先整平夯实地面，再铺 3~4 寸细草或泥炭，以吸收下渗肥液。然后把堆肥材料切碎到 1.5 寸左右，摊在地上加马粪、人粪尿和适量的水，混合均匀，再堆积成 2m 左右高的堆，在堆的表面盖上一层细土。一周后将堆推翻，加入少量人粪尿和水，混合均匀，重新堆积盖土。如此重复 3~4 次即可。

沤肥是中国南方平原水网地区重要的积肥方式。北方也有利用雨季或在水源多的地方进行沤制。它是在嫌气的条件下进行作物秸秆的腐解，要求沤制材料切细或轧碎，表面保持浅水层。与堆肥相比，沤制过程中养分损失少，肥料质量高。沤肥的主要形式介绍如下：

草塘泥是江苏南部地区田头积肥的重要方式。其操作方法是：在冬春季节取河泥，将稻草切成 0.5~1.0 尺（1 尺 ≈ 33.33cm。下同）的小段，拌入泥中，称为稻草河泥，放在河边，也可放入空草塘内。在田边地角挖长方形、方形或圆形的塘，塘底要捶实，以防漏水漏肥。稻草河泥于翌年 2—3 月加入猪粪移入塘中，或在 3—4 月将稻草河泥、猪粪、青草（绿肥）及适量水分分次分层加入。每加一层，都要踩踏，使配料混匀，塘面保持浅水层。精制后 3~5d 即有大量甲烷及二氧化碳等气体逸出，中间突起为馒头形。当水层由浅棕色变为红棕色，并有臭味时，标志着已经腐熟。

凼肥是华中地区，特别是湖南农村中一种重要的农家肥料。因沤制地点的不同，分大田凼和家凼两种类型。积制方法是：在田头地角有水源处，挖深 1.5~5.0 尺、宽 1.0 尺左右的坑，堆起高 0.4~1.0 尺的凼埂，防止大雨时肥液溢出。将沤制材料倒入坑中，一般应保持浅水层。

麦秸沤肥还田选择地势平坦，距水源较近的田边地头或村旁空地，砸实地面，铺一层麦糠，然后将铡短并浸过水的秸秆、杂草均匀铺上一层，厚约 25cm，压紧后泼施人粪尿和牲畜粪便。人畜粪便不足的，可按干秸秆重量的 0.5% 加尿素，2% 加过磷酸钙。上面铺一层 10cm 厚的塘泥，或猪踏泥等圈肥，上面再铺秸秆。如此一层一层地往上堆，堆到 1.5~2m 高。最后用稀泥泥上一遍。30d 左右翻堆，加水后再堆一次。夏季 2 个月，冬季 3~4 个月即可积制成优质的有机肥。如果秸秆过多，可就近在田头地边，村旁不流水的浅沟、洼地，按以上方法堆制，再多的秸秆也能利用，但要高出地面。特别是把人畜粪便，各种圈肥等与秸秆一起进行高温堆肥，能减少肥料养分损失，消灭病菌害虫，保持环境卫生，提高有机肥的质量，为秋种和整个农业生产提供充足的有机肥料。

作物秸秆三合一沤肥法取晒干的麦秸、稻稗、玉米秆、高粱秆等秸秆 60%，

沤制前一天用水浸湿，以手拧能出水为宜，细干土 30%，腐熟的人畜粪 10%。先在地上铺上一层厚 15~20cm 的污泥和草皮作为吸收下渗肥分的底垫，再铺一层 35cm 厚的秸秆，踏实，泼洒少量石灰水和氨水，接着再铺一层 6~10cm 厚的土杂肥，如此一层一层地堆积，直至高达 1.5~1.6m 为止。每堆以 2 500~3 000kg 为宜。堆外用泥封好，堆沤 20~25d 翻堆一次，把外层的翻到中间，重新封好。再经过 15~20d，原料达到黑、烂、臭的程度，即可使用。

二、制作优质饲料

（一）鲜饲

近年来，随着现代畜牧业快速发展和畜牧业生产方式的转变，畜牧业生产方式已由传统的牛羊放牧逐步向全舍饲半舍饲饲养生产方式转变，以牛羊为主的草食家畜迅速发展。国内外畜牧业发展的成功实践证明，利用优质豆科牧草和饲料作物合理搭配，使其营养更加丰富并趋于均衡，能够全面满足奶牛正常生长发育的营养需要。同时牧草作为安全可靠的“绿色”饲料，为畜产品安全生产提供强有力的物质保障。

东部山区是辽宁省重要畜牧业生产基地，也是辽宁绒山羊主要生产地区。近几年来实行的封山禁牧，对东部山区绒山羊生产造成一定影响。畜牧业生产方式逐步转变为舍饲饲养。宽甸县在开展林下种草舍饲绒山羊试验示范项目，在绒山羊日粮中添加一定比例优良牧草，同时减少日粮中部分精料，通过测定绒山羊增重，探索和建立标准化、规范化草畜结合生产方式，提高绒山羊生产水平和饲养效益，推进了东部山区现代畜牧业快速发展。

利用优质豆科牧草饲喂绒山羊，在减少 10% 日粮精料情况下，生产性能得到提高，在促进草食家畜生长发育、畜产品质量方面也有明显的提高。通过牧草鲜饲，在奶牛日粮中添加一定比例优质豆科牧草鲜草，对奶牛的产奶量、乳蛋白、乳脂率有不同的影响，在奶牛日粮中添加优质牧草，高精粗比日粮不能提高产奶量和乳蛋白含量，但能提高牛奶中乳脂的含量。发展种草养畜，不但可以节约饲养成本，而且能大幅度提高养畜经济效益。

（二）贮备和发酵

青贮是以新鲜的牧草、饲料作物等为原料，利用乳酸菌的发酵作用长期保存青绿多汁饲料营养价值的饲草贮藏方式。青贮原理主要是利用牧草表面所附带的乳酸菌，在厌氧的条件下，通过微生物（乳酸菌）厌氧发酵，将饲料中糖转变成乳酸，pH 值下降到 4.2 以下，抑制其他有害微生物的生长，从而保存青饲料营养价值，延长保存时间。

混贮是将两种或两种以上的原料按照一定比例混合后青贮，主要有三个目的：一是提高青贮成功率，如将易青贮与难青贮原料混贮或将高水分与低水分原料混贮；二是扩大饲料来源，如将农业副产品农作物秸秆作为重要的粗饲料资源；三是提高营养价值，如将禾本科与豆科牧草混贮。

农作物秸秆是农区种植业最主要的副产品，也是农区粗饲料的主要来源。然而农作物秸秆粗纤维含量高达 30%~40%，可溶性糖、蛋白质含量低，单独青贮不易成功，且饲喂家畜营养价值低。禾本科牧草碳水化合物含量高，易于青贮，将其与农作物秸秆混贮，能弥补秸秆因缺少碳水化合物难以青贮的不足，既能克服农作物秸秆单独饲喂适口性差、营养价值低等缺点，又能解决青贮料生产原料不足的难题。

青贮的设施和工艺流程：

1. 原料的选择

青贮原料必须含有一定的糖分和水分，大多养殖户用玉米秸秆做青贮原料。玉米和箭筈豌豆含有一定的粗蛋白、糖分和水分，而青贮发酵所消化 60% 的葡萄糖变为乳酸，即每形成 1g 乳酸，就需要 1.7g 的葡萄糖。玉米有足量的糖分，就能满足乳酸菌的需要。

青贮饲料的含水量是非常重要的因素，如果水分不足，青贮时原料不能压实，空气残留在窖内，则好气性细菌容易增殖，引起饲料发霉腐烂。但是如果水分过多，则压实的过程中原料易结块，酪酸菌容易增殖，而且原料养分也随着植物汁液流失过多，从而影响青贮饲料的质量。

2. 青贮设施

青贮窖场址要选择在地势高燥，水渠畅通要保证下雨时不积水，交通要便利。青贮窖要坚固耐用，不透气，不漏水。

3. 切碎青贮原料

青贮原料切碎的长度因家畜的种类和原料的不同而异，茎秆比较粗硬的应切短些，便于家畜采食和装窖压实。茎秆柔软的可切稍长一些。玉米切碎长度以 1cm 左右为宜，箭筈豌豆切碎长度 2~3cm，可以提高利用率。

4. 装填与压实

原料切碎后应立即装填入窖，防止水分损失。如果是土窖，窖的四周应铺垫

塑料薄膜，以免饲料接触地面被污染或饲料中的水分被土壤吸收而发霉。水泥窖则不需铺塑料薄膜。原料入窖时应有专人将原料摊平以便容易均匀压实。原料的含水率要达到65%~70%为宜。压实的过程中，要采用机械压实，压实效果越好，窖内残留空气越少，有利于乳酸菌的繁殖生长，抑制和杀死有害微生物，对提高青贮饲料的质量有至关重要的作用。

5. 封窖与管理

装填原料高出窖口约50cm，长方形窖型成鱼脊背式，圆形窖成馒头状踩实后覆盖塑料薄膜，将青贮原料完全盖严实，然后再盖土。盖土时要由地面向上部盖土，使上层厚薄一致，并适当拍打踩实。覆盖土厚度30~40cm，表面拍打坚实光滑，以便雨水流出。

青贮原料封窖后，一般经过30~50d就可完成发酵过程，可开窖喂用。开窖前做好准备工作，取用青贮饲料时，应以"暴露面最少以及尽量少搅动"为原则。取用时应自一端开始，逐端取用，切不打洞掏心，以免其表面长期暴露，影响青贮料品质。正常的青贮饲料有芳香气味，酸味浓，没有霉味。颜色以越近似于原料本色越好。质地松软且略带湿润，茎叶多保持原料状态，清晰可见。若酸味较淡或带有酪酸味、臭味，色泽呈褐色或黑色，质地黏成一团或干燥而粗硬的就属于劣质青贮料。质量过差、黏结发臭、发霉变黑的青贮料不能喂畜。

青贮窖一经开启，就必须每天连续取用，不宜间断，以便在霉菌充分增殖之前青贮料就已喂完。如中途停喂，间隔时间又长，则需按原来封窖的方法将窖盖好封严，并保证不透气、不漏水。青贮饲料在空气中容易变质，一经取用就应尽快喂饲，以免腐败，取用后及时将暴露面盖好，尽量减少空气进入，防止二次发酵，避免饲料变质。

（三）饲喂效果

燕麦与箭筈豌豆是牧区优质饲草的重要来源，具有抗旱、抗寒、耐贫瘠和适应性广等特征。将燕麦和箭筈豌豆混播是中国高寒地区生产上常见的种植方式。燕麦–箭筈豌豆混播后可有效合理地利用空间、光照、热量和水分等资源，进而增加牧草产量；还可进行营养互补，提高粗蛋白（CP）、粗脂肪（EE）含量，降低中性洗涤纤维（NDF）、酸性洗涤纤维（ADF）含量，提高牧草品质；也可减轻对土壤矿物元素的竞争，减少氮肥使用量，改善土壤结构，提高土壤肥力。新疆伊犁地区昭苏盆地作为伊犁马的故乡，饲养了大量的优良马匹，但冬春季牧草短缺，饲养马匹所需的饲草料供需矛盾突出。另外，马的营养需求特点也有别于牛、羊等反刍动物，而且对优质牧草的需求量较大，如何将燕麦和箭筈豌豆混播草地建植成为马所喜食且能满足马匹营养需求的栽培草地，是昭苏盆地马产业发展过程中面临的重要问题。将马匹的营养需求与燕麦–箭筈豌豆混播草地营养物质产量的内在联系作为评价混播草地生产性能的切入点，对不同混播比例下燕麦–箭筈豌豆混播草地牧草产量、牧草营养物质产量、牧草消化能等进行测定，基于马的营养需求评价各混播组合的生产性能，揭示混播比例对牧草营养物质产量、牧草消化能的影响，以期为伊犁地区昭苏盆地建植优质高产的马专用豆禾混播草地提供科学依据。

传统意义上，人们认为草地如果能提供大量牧草，其生产性能就高，但是较少关注草地生产的牧草是否被饲养的家畜所喜食、是否能够满足其能量和营养需求。牧草被家畜采食后，伴随着物质代谢的同时，还进行能量代谢，牧草能量浓度直接影响着家畜的营养状况、生命活动及生产性能。因此，牧草在家畜体内的消化能高低不仅是牧草储能高低的表现，还可直接表观牧草饲养家畜的能力。利用草地消化能产出及营养物质产量来评价草地生产性能，就能较为准确、科学地评价草地饲养家畜的能力，避免利用牧草产量和营养物质产量评价草地生产性能的局限性。利用草地消化能产出及营养物质产量与马日需求量的相对差额评价草地生产性能，其结果较好地反映了燕麦–箭筈豌豆混播草地与马营养需求间的关系。CP 产量、消化能产出较高的燕麦–箭筈豌豆混播比例 4 ∶ 6、5 ∶ 5 组合具有较高的饲养马的能力，而单播燕麦、燕麦–箭筈豌豆混播比例 6 ∶ 4 则较低；如果饲养的是使役马（重型），则是单播箭筈豌豆、燕麦–箭筈豌豆混播比例 4 ∶ 6 具有较高生产性能。这与基于牧草产量评价的草地生产性能是有差别的。如果栽培草地是针对马这类家畜进行建植的，那么不仅仅要调控牧草的干物质产量，还应同时调控牧草的品质（降低 NDF、ADF 收获量，提高营养物质收获量）与牧草能量（提高牧草储能），这是高产优质豆禾混播草地建植迈向按需建植与管理的重要步骤。

贵州省毕节地区是典型的岩溶山区，地处亚热带，喀斯特地貌特征明显，山高坡陡，夏无酷暑，冬无严寒，水热条件好。20 世纪 70 年代初期，毕节地区开始引种绿肥（光叶紫花苕和箭筈豌豆），主要利用绿肥——豆科植物根瘤菌的固氮作用，提高土壤肥力，增加粮食产量，经农业部门的栽种试验获得成功。20 世纪 70 年代末期开始大规模种植，到目前，全区种植绿肥面积已达 15.333 多万 hm^2，占总耕地面积的 15%。为充分利用这一资源，进行了绿肥养猪的饲喂试

验，通过在生猪日粮中添加不同比例的绿肥草粉，以探索绿肥养猪的生产效益、生态效益、经济效益及绿肥在畜牧养殖业中的利用模式，为大面积推广绿肥草粉在畜牧业生产上的利用提供依据。

箭筈豌豆虽然是一种肥地作物，但在土质较肥沃的地块上，其长势较好，产量最高，不需要补充其他肥料，而在比较贫瘠的地块上种植绿肥，可适当施入磷肥。由于猪是杂食动物，具有消化一定粗纤维的能力，粗纤维具有填充和刺激消化器官分泌消化酶，起到帮助消化的作用。绿肥的营养价值好，粗蛋白含量高，经鲜喂和加工成草粉饲喂，绿肥对猪的适口性较好。在猪饲料的配料中绿肥草粉每天的饲喂量占到总饲喂量的10%~50%，尤以添加在30%时饲喂猪的日增重为最佳。

毕节地区广大农村有种植绿肥（光叶紫花苕和箭筈豌豆）的传统，如将绿肥制成绿肥草粉用于养猪业，既节约粮食，又促进了养猪业的发展。绿肥草粉加工利用在养猪业上有较大的潜力，种植绿肥是农民脱贫致富，实现农牧业可持续发展的有效措施。

互助土族自治县位于青海省东部农业区，近年来，随着封山禁牧政策的落实，群众积极调整养殖观念，养羊业由以往的放牧改为舍饲圈养，形成了“农田种优质草，庭院养良种羊”的格局，因而燕麦与箭筈豌豆混播复收牧草深受养殖户青睐。但同时也存在着诸如刈割的饲草利用率不高、贮存不当等一些问题，应进一步探讨牧草的青贮效果及其对肉羊的增重效果。

燕麦与箭筈豌豆混播复收具有产草量高、禾本科和豆科牧草相互搭配营养价值高的优点，在农区养殖户中广泛应用，但群众习惯于将饲喂不完的鲜草晾晒为青干草贮存，尤其是刈割期往往是雨季，大量的鲜草因霉变而浪费掉。试验结果表明，青贮的混播饲草具有可以最大限度保持青绿饲料的营养物质，适口性好，可调济青饲料供应的不平衡，可净化饲料的特点，解决了鲜草的贮存问题，具有很好的推广应用价值。

三、药用

箭筈豌豆为绿肥及优良牧草，全草可药用。中药材箭筈豌豆又称作“大巢菜”，中药大巢菜为豆科植物大巢菜的全草或种子。4—5月采割，晒干，亦可鲜用。国外曾有用其提取物作抗肿瘤的报道，其嫩茎叶可作汤或炒食。每百克鲜嫩茎叶含水分80g，蛋白质3.8g，脂肪0.5g，碳水化合物9g，钙270mg，磷

70mg。具有清热利湿、和血祛瘀的功效，治黄疸、浮肿、疟疾，鼻衄、心悸、梦遗、月经不调等。

四、食用

箭筈豌豆苗为豆科植物野豌豆的嫩苗。豆苗的供食部位是嫩梢和嫩叶，营养丰富，含有多种人体必需的氨基酸。其味清香、质柔嫩、滑润适口，色、香、味俱佳。营养价值高和绿色无公害，而且吃起来清香滑嫩，味道鲜美独特。用来热炒、做汤、涮锅都不失为餐桌上的上乘蔬菜，备受广大消费者的青睐。

箭筈豌豆种子中含有生物碱和氰苷有毒物质，氰苷经水分解后释放出氨氰酸，食用过量能使人中毒。氨氰酸遇热挥发，遇水溶解，去毒容易。食用前经浸泡、淘洗、磨碎、炒熟、蒸煮等加工工艺处理后，其氨氰酸含量均大幅度下降，故不致出现中毒危险。但应避免长期大量连续食用。籽粒含蛋白质29.7%~31.3%，出粉率53.8%（高于稻、麦、玉米）。

五、其他

土壤重金属污染给社会经济和人类健康带来很大的威胁。中国土壤重金属污染形势严峻，其中以镉污染最为明显。镉是非必需营养元素，但易被植物吸收并积累在植物营养器官和生殖器官中，通过食物链威胁人类的健康。植物镉毒害的形态特征主要有叶片失绿、生物量降低、根长减小、根表产生伤害褐斑等。在长期进化过程中，植物产生了“排斥”和“积累”两种重金属毒害的适应机制。在排斥机制中，植物限制根系对重金属离子的吸收和从根系向地上部的运输；在积累机制中，植物把重金属离子分布在特定的器官、组织或细胞器中，使其以低生物活性的解毒形态存在。镉在人体内的半衰期长达10~30年，会随着年龄增长在人体内不断积累，对人体健康造成严重威胁。利用生物量大、易于栽培并具有一定富集能力的植物清除土壤中的重金属是一种成本低、环境友好的土壤修复方法。豆科植物箭筈豌豆具有较高的营养价值和较强的抗寒旱特性以及固氮和改善土壤结构的能力，其茎叶和种子常作为动物饲料或直接供人类食用。前期通过水培试验研究了绿豆、鹰嘴豆、豇豆、豌豆、蚕豆、菜豆、扁豆、小扁豆、大豆和箭筈豌豆等10种豆科植物镉胁迫下的生长和镉积累，发现10种豆科植物中箭筈豌豆积累的镉最多，同时对镉的耐性最强。

大多数植物吸收的重金属主要分布在根系，许多研究报道植物能把从土壤中

吸收的镉保留在根部，从而阻止过多的镉积累于地上部和种子中。箭筈豌豆也属于排斥型植物，其吸收的镉主要积累在地下部，地下部对镉的富集能力较强。在添加10.0mg/kg镉的重度污染土壤中，箭筈豌豆能正常生长，显示较强的镉耐性。箭筈豌豆生物量大，地面覆盖度高，在旱地耕作中常作为植被和绿肥用于改良土壤，因此适合某些镉污染程度较大的土壤的治理，在实际的土壤修复中有应用意义。

箭筈豌豆吸收镉主要集中在营养生长期，因此营养生长期是其修复土壤镉污染的最佳时期。一般植物根的镉含量最高，其次是茎叶，再次是果实和种子，叶通常比种子有更高的镉浓度。但箭筈豌豆地上部：种子:豆荚的镉浓度比，在轻度镉污染条件下为1：1.16：1.02，重度镉污染条件下为1：0.76：0.72，显示较强的在种子和豆荚中积累镉的能力。大多数植物性食物中的镉浓度为0.01~0.05mg/kg，土壤镉污染导致食物中的镉浓度达到更高水平。土壤添加2.5mg/kg的镉，箭筈豌豆地上部和种子的镉含量均已远超国家食品安全标准，而小于3.0mg/kg的镉污染在农业或自然环境中经常存在，因此需要防范箭筈豌豆地上部和种子食用和饲用的安全风险。

许多研究报道了镉对植物营养物质含量的影响，如镉显著降低了甘蓝（*Brassica oleracea*）叶中Fe、Mn、Mg和根中Mn的含量。Metwally等报道，5μM镉处理10d*Pisum sativum*根和地上部Mn含量降低，根P含量降低、Mg含量升高。Rogers等研究发现，镉抑制拟南芥菜（Arabidopsisthaliana）中Fe和Zn的吸收。Hernández等报道50μM镉长时间处理对豌豆Fe的吸收没有显著影响，但短时间处理会减少Fe的吸收。另有研究发现，镉抑制了遏蓝菜（*Thlaspicaerulescens*）地上部Zn、Fe和Mn及根中Fe、Mn的吸收。镉胁迫下箭筈豌豆地上部和地下部的Ca含量未见显著变化。这些结果的差异可能与植物种类和试验条件有关。镉主要通过影响植物对营养物质的吸收和利用，影响植物的元素组成。镉与必需元素，尤其是与镉有相似结构的Ca、Fe、Mn和Zn相互作用，竞争性抑制必需元素的转运体或干扰相关转运体基因表达的调节，破坏了必需元素的稳态。镉与蛋白质或膜的蛋白质通道的特殊基团结合，影响必需元素的跨膜运输，干扰营养元素的吸收和转运。镉污染降低了箭筈豌豆地上部Fe、Zn、Mn的含量，但根部仅Zn的含量减少，显示镉添加主要降低了箭筈豌豆营养元素由地下部至地上部的转运。箭筈豌豆种子中营养元素含量增加显著，可能是种子生物量降低的浓缩效应。

过量重金属无论作用的水平如何，对植物的生理生化过程都是有害的。虽然营养生长期，箭筈豌豆的生长和形态表现正常，但其营养元素的吸收以及相关的代谢过程已经受到干扰，Mn、Mg、Fe 和 P 含量的变化会影响植物的光合作用、呼吸作用等，因此镉对箭筈豌豆营养元素吸收的影响是其生长受抑制的原因之一。

本章参考文献

陈恭，郭丽梅，任长忠，等 .2011. 行距及间作对箭筈豌豆与燕麦青干草产量和品质的影响 [J]. 作物学报，37 (11): 2 066-2 074.

姬万忠 .2008. 高寒地区燕麦与箭筈豌豆混播增产效应的研究 [J]. 中国草地学报，30 (5): 106-109.

解有仁，马明呈，田丰，等 .2015. 箭筈豌豆腐解对土壤及枸杞生长的影响 [J]. 青海大学学报 (自然科学版)，33 (2): 17-23.

琚泽亮，赵桂琴，覃方锉，等 .2016. 含水量对燕麦及燕麦 + 箭筈豌豆裹包青贮品质的影响 [J]. 草业学报，33 (7): 1 426-1 433.

琚泽亮，赵桂琴，覃方锉，等 .2016. 青贮时间及填加剂对高寒牧区燕麦—箭筈豌豆混播捆裹青贮发酵品质的影响 [J]. 草业学报，25 (6): 148-157.

李超，安沙舟，周小丽，等 .2012. 昭苏马场季节草地牧草经济类群营养成分初步分析 [J]. 新疆农业科学，49 (9): 1 681-1 687.

李铭红，李侠，宋瑞生 .2008. 受污农田中农作物对重金属镉的富集特征研究 . 中国生态农业学报，16 (3): 675-679.

马军，郑伟，张博 .2015. 基于马营养需求的燕麦—箭筈豌豆混播草地生产性能的评价 [J]. 草业学报，32 (6): 1 002.

芮海云，张兴兴，沈振国，等 .2017. 箭筈豌豆镉胁迫下的失水胁迫和渗透调节物质的积累 [J]. 作物杂志 (3): 69-74.

孙琛，高昂，巩江，等 .2011. 野豌豆属植物药学研究概况 [J]. 安徽农业科学，39 (14): 8 386, 8 394.

孙建云，沈振国 .2007. 镉胁迫对不同甘蓝基因型光合特性和养分吸收的影响 [J]. 应用生态学报，18 (11): 2 605-2 610.

王军，魏昌华，薛海英，等.2008.救荒野豌豆对污染土壤中Cd的富集特征［J］.地质科技情报，27（1）：89-92.

王奇，余成群，李志华，等.2012.添加酶和乳酸菌制剂对西藏苇状羊茅和箭筈豌豆混合青贮发酵品质的影响［J］.草业学报，21（4）：186-191.

王琦，余成群，辛鹏程，等.2012.苇状羊茅和箭筈豌豆混合青贮发酵品质的研究［J］.草地学报，20（5）：952-956.

王思才.2009.箭筈豌豆草粉养猪试验［J］.草业与畜牧（10）：55-56.

王文成，严秀将，彭永玺，等.2014.利用优良牧草饲喂奶牛试验效果［J］.现代畜牧兽医，22-25.

王旭，曾昭海，朱波，等.2007.箭筈豌豆与燕麦不同间作混播模式对产量和品质的影响［J］.作物学报，33（11）：1 892-1 895.

肖慎华，原现军，董志浩，等.2016.添加乳酸菌制剂和糖蜜对箭筈豌豆和苇状羊茅混合青贮发酵品质的影响［J］.南京农业大学学报，39（6）：1 017-1 022.

徐晓俞，李爱萍，康智明，等.2015.野豌豆属植物化学成分及其药理活性研究进展［J］.中国农学通报，31（31）：74-80.

原现军，余成群，夏坤，等.2012.添加青稞酒糟对西藏箭筈豌豆与苇状羊茅混合青贮发酵品质的影响［J］.畜牧兽医学报，43（9）：1 408-1 414.

曾植虎.2011.青贮燕麦与箭筈豌豆混播草饲喂肉羊试验［J］.山东畜牧兽医，32（7）：20.

张芬琴.2009.镉胁迫对二种不同耐性豆科植物生长与活性氧代谢的影响及水杨酸对镉毒害的缓解效应［D］.南京：南京农业大学.

张洁，原现军，郭刚，等.2014.添加剂对西藏燕麦和箭筈豌豆混合青贮发酵品质的影响［J］.草业学报，23（5）：359-364.

周玉锋，杨茂发，文克俭，等.2009.苇状羊茅和箭筈豌豆混合青贮发酵品质的研究［J］.生态学报，29（1）：515-522.

Metwally A，Safronova V I，Belimov A A，et al.2005.Genotypic variation of the response to cadmium toxicity in Pisum sativum L［J］. Journal of Experimental Botany，56（409）：167-178.